AF308435

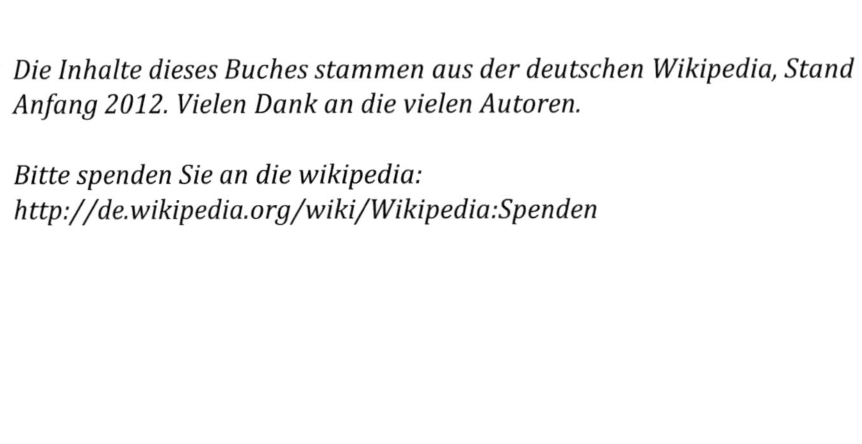

Wiki Digest

DIN - Das Deutsche Institut für Normung

Über das Institut - inklusive Listen der wichtigsten DIN-Normen

www.tredition.de

© 2012 Diverse Autoren, zusammengestellt von Wiki Digest

Verlag: tredition GmbH
Printed in Germany
ISBN: 978-3-8491-1799-3

Creative Commons
Attribution-ShareAlike 3.0 Unported (CC BY-SA 3.0)

Bibliografische Information der Deutschen Nationalbibliothek:
Die Deutsche Nationalbibliothek verzeichnet diese Publikation in der
Deutschen Nationalbibliografie; detaillierte bibliografische Daten sind
im Internet über http://dnb.d-nb.de abrufbar.

Inhaltsverzeichnis

Kapitel 1:Deutsches Institut für Normung

Logo des Deutschen Instituts für Normung

Sitz des Deutschen Institutes für Normung am
DIN-Platz in Berlin-Tiergarten

Das Deutsche Institut für Normung e. V. (kurz *DIN*) ist die bedeutend-
ste nationale Normungsorganisation in der Bundesrepublik Deutsch-

land. Sie wurde am 22. Dezember 1917 unter dem Namen „Normenausschuss der deutschen Industrie" gegründet. Eine erste Umbenennung erfolgte 1926 zu „Deutscher Normenausschuss", um auszudrücken, dass sich das Arbeitsgebiet nicht mehr auf die Industrie beschränkte. Der heutige Name wurde 1975 im Zusammenhang mit dem zwischen der Organisation und der Bundesrepublik Deutschland abgeschlossenen *Normenvertrag* gewählt. Die unter der Leitung von Arbeitsausschüssen dieser Normungsorganisation erarbeiteten Normen werden als *DIN-Normen* bezeichnet.

Das Deutsche Institut für Normung ist ein eingetragener Verein, wird privatwirtschaftlich getragen und bei seinen europäischen und internationalen Normungsaktivitäten von der Bundesrepublik Deutschland als einzige nationale Normungsorganisation unterstützt. Es bietet den sogenannten „interessierten Kreisen" (Hersteller, Handel, Industrie, Wissenschaft, Verbraucher, Prüfinstitute und Behörden) ein Forum, im Konsensverfahren Normen zu erarbeiten.

Die Grundprinzipien der Arbeit des DIN sind in DIN 820 festgeschrieben:

Freiwilligkeit

Öffentlichkeit

Sachbezogenheit

Beteiligung aller interessierten Kreise

Orientierung am Gemeinwohl

Internationalität

Transparenz

Konsens

Kartellrechtliche Unbedenklichkeit

Einheitlichkeit

Widerspruchsfreiheit

Anwenderfreundlichkeit

Stand der Wissenschaft und Technik

Wirtschaftlichkeit

Marktorientierung

Nutzen für die Allgemeinheit

Die DIN-Normen dienen der Rationalisierung, Verständigung, Sicherung von Gebrauchstauglichkeit, Qualitätssicherung, Kompatibilität, Austauschbarkeit, Gesundheit, Sicherheit, dem Verbraucherschutz und dem Umweltschutz. Bei ihrer Erstellung wird angestrebt, dass die allgemein anerkannten Regeln der Technik eingehalten werden und der aktuelle Stand der Technik berücksichtigt wird.

Die elektrotechnischen Themen werden von DIN und dem deutschen Verband der Elektrotechnik (VDE) gemeinsam in der DKE Deutsche Kommission Elektrotechnik Elektronik Informationstechnik im DIN und VDE bearbeitet.

Das DIN arbeitet in den internationalen und europäischen Normengremien *ISO* und *CEN* und in den elektrotechnischen Organisationen *IEC* und *CENELEC* mit, um die deutschen Interessen zu vertreten und den internationalen freien Warenverkehr zu fördern. Es organisiert die Eingliederung internationaler Normen in das deutsche Normenwerk.

Die DIN-Normen werden über den Beuth Verlag, einem Tochterunternehmen der DIN-Gruppe, in Papierform und als Download kostenpflichtig vertrieben. Der Verlag vertreibt auch Normdokumente anderer und ausländischer Normungsstellen.

In der Schweiz leistet die Schweizerische Normen-Vereinigung (SNV) und in Österreich das Austrian Standards Institute ÖNORM vergleichbare Arbeit.

Organisation und Arbeitsweise

Das DIN ist ein eingetragener Verein, dessen Mitglieder juristische Personen sind. Die Mitgliederversammlung wählt das Präsidium, das aus Vertretern aller beteiligten interessierten Kreise (sämtliche Wirtschaftssektoren, die Verbraucher, die Wissenschaft und der Staat) besteht. Präsident seit 2009 ist Klaus Homann. Das DIN wird von einer Geschäftsleitung geführt, welcher der Direktor vorsteht. Der Direktor ist auch Mitglied des Präsidiums. Die fest angestellten Mitarbeiter des DIN sorgen als Sekretäre dafür, dass die Grundprinzipien des DIN eingehalten werden, das zum Beispiel kein interessierter Kreis unberücksichtigt bleibt. Sie organisieren die Arbeit in den Gremien (auch in internationalen), stellen das Arbeitsprogramm und den Haushaltsplan der Normenausschüsse auf und stimmen beides mit dem Lenkungsgremium ab, das aus Vertretern der interessierten Kreise besteht. Das DIN stellt die elektronische Infrastruktur für die Normenentwicklung zur Verfügung.

Die ergebnisorientierten Aktivitäten (zum Beispiel der Vertrieb der Norm-Dokumente durch den Beuth-Verlag) erfolgen in GmbHs als Tochter- und Beteiligungsgesellschaften. Sie tragen zur Kostendeckung der gemeinnützigen Normungsaktivitäten bei.

Normenausschüsse

Die fachliche Arbeit der Normung wird in Arbeitsausschüssen beziehungsweise Komitees durchgeführt. Für eine bestimmte Normungsaufgabe ist jeweils nur ein Arbeitsausschuss beziehungsweise ein Technisches Komitee zuständig. Diese Ausschüsse bzw. Komitees vertreten ihre Aufgabe zugleich in den regionalen und internationalen Normungsorganisationen. Im Regelfall sind mehrere Arbeitsausschüsse zu einem Normenausschuss im DIN zusammengefasst. Zurzeit (2011) gibt es 71 Normenausschüsse.

Liste von Normenausschüssen (Auswahl)

Normenausschuss Bibliotheks- und Dokumentationswesen

Normenausschuss Maschinenbau

Normenausschuss Materialprüfung

Normenausschuss Schweißtechnik

Normenausschuss Veranstaltungstechnik, Bild und Film

Normenausschuss Bauwesen

Normenausschuss Feuerwehrwesen

Normenausschuss Feinmechanik und Optik

Normenausschuss Automobiltechnik

Normenausschuss Informationstechnik und Anwendungen

Normenausschuss Sport- und Freizeitgerät

Normenausschuss Dienstleistungen

Normenstelle Schiffs- und Meerestechnik

Normenausschuss Persönliche Schutzausrüstung

Normenausschuss Kommunale Technik

Finanzierung

Das Budget des DIN und damit die Finanzierung der Normungsarbeit wird aus drei Quellen gespeist:

Eigene wirtschaftliche Aktivitäten – den größten Anteil, ca. 66 % am Gesamthaushalt, erwirtschaftet das DIN mit seinen Tochtergesellschaften. Hierzu zählen die Erlöse aus dem Verkauf der Normen und Norm-Entwürfe, weitere Verlagsaktivitäten, Einnahmen aus Dienstleistungen sowie Beteiligungserträge.

Direkte finanzielle Beiträge der Wirtschaft bestehen aus Mitgliedsbeiträgen und Förderbeiträgen, die ein praxisnahes Steuerungsinstrument für die Normungsarbeit darstellen.

Beiträge der öffentlichen Hand werden im Interesse der allgemeinen Gewerbeförderung, der Förderung des Wettbewerbs und im Interesse der öffentlichen Ordnung (Arbeitsschutz, Gesundheitsschutz, etc.) geleistet. Diese Mittel sind zweckgebunden zur Durchführung bestimmter Normungsvorhaben im öffentlichen Interesse.

Geschichte

Statuen von Christian Peter Wilhelm Beuth und Wilhelm von Humboldt vor dem Gebäude des DIN in Berlin.

Die Vorarbeiten zur Rationalisierung der Rüstungsproduktion im Januar 1917 führten zu der Erkenntnis, dass ganz Deutschland zu einer Produktionsgemeinschaft für einen Abnehmer, die Streitkräfte, werden musste, und dass hierfür grundlegende Normen, insbesondere zur Zusammenarbeit im Maschinenbauwesen, notwendig waren. Die zur folgenden Gründung des DIN führende Initiative ging deshalb vom „Königlichen Fabrikationsbüro für Artillerie (Fabo-A)" in Berlin aus.

Das DIN im Deutschen Reich wurde am 22. Dezember 1917 als „Normenausschuss der deutschen Industrie" (NADI) gegründet. Die Arbeitsergebnisse des NADI waren die „Deutschen Industrie-Normen" (zuerst als „DI-Norm," aber bald als „DIN" abgekürzt). Die erste Norm (DI-Norm 1 Kegelstifte) erschien im März 1918. Seit 1920 ist das DIN ein eingetragener Verein und 1922 wurde die für den Verbraucher wohl bekannteste Norm DIN 476 Papierformate (zum Beispiel DIN A 4) veröffentlicht. Im deutschen Alltag vertraut ist ebenfalls die Normschrift auf den Verkehrsschildern DIN 1451, die als Schrift umgangssprachlich kurz die DIN genannt wird.

1926 wurde das DIN von „Normenausschuss der deutschen Industrie" in „Deutscher Normenausschuss" (DNA) umbenannt, denn bereits in den 1920er-Jahren hatte die Normung im Reich das engere Gebiet der Industrie überschritten. Aus demselben Grund versuchte der DNA, die Abkürzung „DIN" mit „Das Ist Norm" zu belegen, um „Deutsche Industrie-Norm" abzulösen. Allerdings konnte sich dieser Begriff in der Öffentlichkeit nicht durchsetzen.

Nach dem Zweiten Weltkrieg genehmigte der Alliierte Kontrollrat 1946 dem DIN die Wiederaufnahme seiner Tätigkeit. Das DIN wurde 1951 Mitglied in der Internationalen Organisation für Standardisierungen (ISO) mit dem Anspruch, den deutschen Sprachraum zu vertreten.

Im Mai 1975 (kurz vor Schließen des Normenvertrages, siehe unten) änderten sich der Name der Organisation und der ihrer Arbeitsergebnisse erneut. Seitdem heißt die Organisation „DIN Deutsches Institut für Normung e. V.", und die Arbeitsergebnisse sind die „Deutschen Normen" oder „DIN-Normen".

Am 5. Juni 1975 unterzeichneten das Deutsches Institut für Normung e. V. und die Bundesrepublik Deutschland den Normenvertrag Dadurch wurde dem DIN eine erhebliche öffentliche Anerkennung zuteil, denn die Bundesrepublik verpflichtete sich, sich bei einschlägigen Fragen und Aufgaben, die vom Staat gestellt werden, ausschließlich an ihn zu wenden. Ebenso ausschließlich empfiehlt die Bundesrepublik für internationale Normungsarbeit nur das DIN. Im Gegenzug machte das DIN seine bisher nach innen geltenden Grundprinzipien (DIN 820) öffentlich verbindlich und verpflichtete sich, vom Staat angeregte Normierungsaufgaben nicht nur aufzugreifen, sondern sie bevorzugt zu behandeln. Infolge des mit dem Vertrag eingebrachten öffentlichen Interesse entstanden beim DIN die Kommissionen für Sicherheitstechnik und für Umweltschutz und der Verbraucherrat. Entgegen einer verbreiteten Auffassung, blieb DIN eine unabhängige nicht-staatliche Organisation. Die Bundesrepublik hat kein Weisungsrecht zur Arbeit des DIN erhalten, hat aber auch keinen Teil ihrer eigenen Hoheit an das DIN abgegeben.

Das Gegenstück zur DIN-Norm war in der DDR die TGL, die anfänglich weitgehend auf den DIN-Normen beruhte, später verstärkt RGW-Standards berücksichtigte. Die ost-/westdeutsche Zusammenarbeit auf dem Gebiet der Normung ließ stark nach, nachdem die DDR-Regierung die DIN-Geschäftsstellen in Ost-Berlin, Jena und Ilmenau 1961 geschlossen hatte. Seit der 1990 erfolgten Auflösung des Amtes für Standardisierung, Messwesen und Warenprüfung (ASMW) der DDR ist das DIN wieder für die Normungsarbeit in ganz Deutschland zuständig.

Heute ist die Normungsarbeit zunehmend europäisch und international geprägt: Nur noch 15 % aller Normungsprojekte sind rein nationaler Natur. Das DIN führte im Jahr 2010 19 % aller Sekretariate in ISO- und 30 % aller Sekretariate in CEN-Arbeitsgremien.

2007 ist DIN durch kontroverse Entscheidungen für das groß geschriebene ß (Versal-ß) sowie für den von Microsoft eingeführten Dokumentenstandard Office Open XML aufgefallen.

Normen in der Rechtsordnung

DIN-Normen bilden einen Maßstab für einwandfreies technisches Verhalten und sind daher im Rahmen der Rechtsordnung von Bedeutung.

Grundsätzlich haben DIN-Normen den Charakter von Empfehlungen. Ihre Anwendung steht jedem frei, d. h., man kann sie anwenden, muss es aber nicht. Verbindlich werden Normen dann, wenn in privaten Verträgen oder in Gesetzen und Verordnungen auf sie Bezug genommen wird und dort deren Anwendung festgelegt wird. Weil Normen eindeutige Aussagen sind, lassen sich durch ihre einzelvertraglich vereinbarte Verbindlichkeit Rechtsstreitigkeiten vermeiden. Die Bezugnahme in Gesetzen und Verordnungen entlastet den Staat und die Bürger von rechtlichen Detailregelungen.

Auch in den Fällen, in denen DIN-Normen von Vertragsparteien nicht zum Inhalt eines Vertrages gemacht worden sind, dienen sie im Streitfall wegen Sachmängeln (Kauf- und Werkvertragsrecht) als Entscheidungshilfe. Hierbei besteht grundsätzlich die Vermutung, dass die DIN-Normen den anerkannten Regeln der Technik entsprechen. Eine solche Vermutung kann dennoch erschüttert oder widerlegt werden, etwa wenn erst ein unfertiger Normentwurf besteht oder durch ein Sachverständigengutachten

Urheberrecht

.DIN-Normen sind schöpferische Leistungen und genießen als Sprachwerke den Schutz durch das Urheberrechtsgesetz. Dieser Grundsatz wurde auch vom Bundesgerichtshof mehrfach bestätigt. DIN-Normen dürfen deshalb nicht ohne Zustimmung des DIN Deutsches Institut für Normung e. V. als Nutzungsrechtsinhaber vervielfältigt und verbreitet oder im Internet öffentlich zugänglich gemacht werden. Die Schranken des Urheberrechts gelten aber auch für die Normen. So dürfen z. B. einzelne Norm-Blätter für private Zwecke auf Papier kopiert werden (§ 53 UrhG).

Kein Urheberrecht für vom Gesetzgeber abgedruckte Normen (Amtliche Werke)

Für amtlich in Bezug genommene und in Gesetzen abgedruckte technische Regeln gilt nach § 5 Abs. 3 UrhG folgende Ausnahme:

(1) Gesetze, Verordnungen, amtliche Erlasse und Bekanntmachungen sowie Entscheidungen und amtlich verfasste Leitsätze zu Entscheidungen genießen keinen urheberrechtlichen Schutz. (2) Das gleiche gilt für andere amtliche Werke, die im amtlichen Interesse zur allgemeinen Kenntnisnahme veröffentlicht worden sind, mit der Einschränkung, dass die Bestimmungen über Änderungsver-

bot und Quellenangabe in § 62 Abs. 1 bis 3 und § 63 Abs. 1 und 2 entsprechend   anzuwenden   sind.
(3) Das Urheberrecht an privaten Normwerken wird durch die Absätze 1 und 2 nicht berührt, wenn Gesetze, Verordnungen, Erlasse oder amtliche Bekanntmachungen auf sie verweisen, ohne ihren Wortlaut wiederzugeben. In diesem Fall ist der Urheber verpflichtet, jedem Verleger zu angemessenen Bedingungen ein Recht zur Vervielfältigung und Verbreitung einzuräumen. Ist ein Dritter Inhaber des ausschließlichen Rechts zur Vervielfältigung und Verbreitung, so ist dieser zur Einräumung des Nutzungsrechts nach Satz 2 verpflichtet.

Die Initiative gegen die Direktgeltung privater Normen im Bauwesen hat im Jahr 2003 vergeblich versucht, die Einfügung des Absatzes 3 zu verhindern. Kritisiert wurde, dass vom Staat für verbindlich erklärte Normen nicht gemeinfrei sind (außer sie sind als Volltext in einer amtlichen Bekanntmachung enthalten), also gekauft werden müssen.

Waldemar-Hellmich-Kreis

Der Waldemar-Hellmich-Kreis ist der Ehrensenat des Deutschen Instituts für Normung (DIN). Anlässlich seines 40-jährigen Bestehens hat das DIN 1957 zur Erinnerung an seinen Begründer Waldemar Hellmich und zur Ehrung von Persönlichkeiten, die sich in ihrer beruflichen Tätigkeit auf dem Gebiet der Normung verdient gemacht haben, den Waldemar-Hellmich-Kreis gegründet. Er soll die Tradition des DIN pflegen und durch Empfehlungen zur lebendigen Weiterentwicklung der Normungsarbeit beitragen. Die Mitglieder des Kreises werden vom Präsidium des DIN berufen. Als sichtbares Zeichen der Zugehörigkeit zum Waldemar-Hellmich-Kreis dient eine Anstecknadel, die die Papierformate darstellt. Die Mitgliederzahl des Kreises wird auf 50 beschränkt.

Kapitel 2: Liste der DIN-Normen

Die Liste gibt einen Überblick über das Benennungssystem der DIN-Normen mit Normnummer, Teile von Normen und anderen Zusätzen. Außerdem werden hier Informationen über Normen, ihren Titel sowie über ihre Gültigkeit und eventuellen Ersatz gesammelt. Zusätzlich zu DIN-Normen sind einige vom deutschen Bundesamt für Wehrtechnik und Beschaffung, Koblenz, herausgegebene VG-Normen aufgeführt.

Bezeichnung von Normnummer und Ausgabedatum

An der Normnummer lässt sich erkennen, welchen Ursprung eine Norm hat:

- DIN: (z. B. DIN 33430) DIN-Norm, die ausschließlich oder überwiegend nationale Bedeutung hat oder als Vorstufe zu einem übernationalen Dokument veröffentlicht wird.
- DIN CEN/TS bzw. DIN CLC/TS: (z. B. DIN CLC/TS 50459-1): Unveränderte deutsche Übernahme einer Europäischen Technischen Spezifikation.
- DIN CWA: (z. B. DIN CWA 14248) Unveränderte deutsche Übernahme eines CEN- oder CENELEC Workshop Agreements (Technische Regel).
- DIN EN: (z. B. DIN EN 14719) Deutsche Übernahme einer Europäischen Norm (EN). Europäische Normen müssen, wenn sie übernommen werden, unverändert von den Mitgliedern von CEN und CENELEC übernommen werden.
- DIN EN ISO: (z. B. DIN EN ISO 9921): Unter Federführung von ISO oder CEN entstandene Norm, die dann von beiden Organisationen veröffentlicht werden.
- DIN EN ISO/IEC: (z. B. DIN EN ISO/IEC 7810) Deutsche Norm auf der Grundlage einer Europäischen Norm, die auf einer Internationalen Norm der ISO/IEC beruht.

- DIN EN ISP: (z. B. DIN EN ISP 10608-6): Deutsche Norm auf der Grundlage einer Europäischen Norm, die auf einer Internationalen Profilnorm beruht.
- DIN ISO: (z. B. DIN ISO 10002): Unveränderte deutsche Übernahme einer ISO-Norm.
- DIN IEC: (z. B. DIN IEC 60912): Unveränderte deutsche Übernahme einer IEC-Norm.
- DIN VDE: Themen der Elektrotechnik, Elektronik und Informationstechnik werden gemeinsam von DIN und VDE durch die DKE bearbeitet. Siehe dazu Liste der DIN-VDE-Normen.

Achtung! Sind DIN-Normen hinter der Bezeichnung „DIN“ mit weiteren Buchstaben – außer „VDE“ – bezeichnet, dann haben diese ein eigenes Nummerierungssystem, zum Beispiel: DIN 3 Normmaße, aber DIN EN 3 Feuerlöscher.

Ein Normenteil wird mit Bindestrich und der Zahl des Normenteils bezeichnet (z. B. Teil 1 der DIN EN 3 als DIN EN 3-1). Früher wurde „Teil 1“ ausgeschrieben oder „T. 1“ abgekürzt (z. B. DIN 14093 Teil 1); heute wird dieser Zusatz nur auf dem Normblatt in der Überschrift ausgeschrieben. Vor der Aufteilung der Normen in Teile wurden sie in „Blätter“ untergliedert.

Das Ausgabedatum der Fassung wird auf den Kalendermonat genau in Zahlen nach einem Doppelpunkt notiert, z. B. DIN 1301-1:2002-10, auf der Titelseite jedoch mit ausgeschriebenem Monatsnamen dargestellt: Oktober 2002.

Bis etwa 1969 behielt eine Norm bei geringfügigen Änderungen ihr Ausgabedatum bei, auf die Änderung wurde mit einem angehängten kleinen Malkreuz hingewiesen; z. B. bedeutet „März 1953xx“, dass eine im März 1953 ausgegebene Norm zweimal geringfügig überarbeitet wurde. Diese „Kreuzausgaben“ sollten dem Anwender den Vorteil einer handschriftlichen Berichtigung bei nur geringfügigen Änderungen statt Neukauf bringen.

Bis 1940 hatten Normen einiger Fachgebiete zwischen dem Wort „DIN“ und der Nummer eine Buchstabenkennzeichnung, z. B. BERG für den Berg-, HNA für den Schiff-, LON für den Lokomotiv- und Kr für den Kraftfahrzeugbau. Nach Einführung fünfstelliger Normnummern wurden für diese Fachgebiete vorzugsweise bestimmte Nummernbereiche vorgesehen, z. B. 70000 bis 79999 für den Kraftfahrzeugbau. Im Zweiten Weltkrieg wurden einige Normen in einem Schnellverfahren aufgestellt und besonders gekennzeichnet. So bedeutet ein an die Nummer angehängtes „FI“, dass die Norm von der Wirtschaftsgruppe Fahrzeugindustrie im Schnellverfahren aufgestellt wurde.

Liste nach Nummern

Hinweise

Die Liste erhebt keinen Anspruch auf Vollständigkeit.

Zur Garantie der Aktualität der hier aufgeführten Normen müsste sie fortlaufend mit dem Beuth Verlag abgeglichen werden.

Die Normtitel werden in der zum Zeitpunkt der Herausgabe der betreffenden Norm gültigen Rechtschreibung geführt.

DIN 1000–1999

DIN 1013 Warmgewalzter Rundstahl

> Teil 1 für allgemeine Verwendung, 2.2004 ersetzt durch DIN EN 10060

> Teil 2 für besondere Verwendung, 2.2004 ersetzt durch DIN EN 10060

DIN 1014 Warmgewalzter Vierkantstahl

> Teil 1 Stabstahl, für allgemeine Verwendung, 2.2004 ersetzt durch DIN EN 10059

> Teil 2 Stabstahl, für besondere Verwendung, 2.2004 ersetzt durch DIN EN 10059

DIN 1015 Stabstahl, Warmgewalzter Sechskantstahl, 2.2004 ersetzt durch DIN EN 10061

DIN 1016 Flacherzeugnisse aus Stahl, Warmgewalztes Band, Warmgewalztes Feinblech, 11.1996 ersetzt durch DIN EN 10048

DIN 1017 Stabstahl, Warmgewalzter Flachstahl

> Teil 1 für allgemeine Verwendung, 2.2004 ersetzt durch DIN EN 10058

> Teil 2 für besondere Verwendung, 2.2004 ersetzt durch DIN EN 10058

DIN 1018 Stabstahl, Warmgewalzter Halbrundstahl und Flachhalbrundstahl, 3.2005 ohne Ersatz zurückgezogen

DIN 1019 Stabstahl; Warmgewalzter Wulstflachstahl, Maße, Gewichte, zulässige Abweichungen, statische Werte, 12.1996 ersetzt durch DIN EN 10067

DIN 1022 Stabstahl, Warmgewalzter gleichschenkliger scharfkantiger Winkelstahl (LS-Stahl)

DIN 1024 Stabstahl, Warmgewalzter rundkantiger T-Stahl, 1.1996 ersetzt durch DIN EN 10055

DIN 1025 Warmgewalzte I-Träger

    Teil 1 I-Reihe

    Teil 2 IPB-Reihe

    Teil 3 IPBl-Reihe

    Teil 4 IPBv-Reihe

    Teil 5 IPE-Reihe

DIN 1026 Warmgewalzter U-Profilstahl

    Teil 1 mit geneigten Flanschflächen

    Teil 2 mit parallelen Flanschflächen

DIN 1027 Stabstahl, Warmgewalzter rundkantiger Z-Stahl

DIN 1028 Warmgewalzter, gleichschenkliger rundkantiger Winkelstahl, 11.1998 ersetzt durch DIN EN 10056-1

DIN 1029 Warmgewalzter, ungleichschenkliger rundkantiger Winkelstahl, 11.1998 ersetzt durch DIN EN 10056-1

DIN 1041 Schlosserhämmer

DIN 1042 Vorschlaghämmer, Kreuzschlaghämmer

DIN 1045 Tragwerke aus Beton, Stahlbeton und Spannbeton

Teil 1 Bemessung und Konstruktion, 1.2011 ersetzt durch DIN EN 1992-1-1 und DIN EN 1992-3

Teil 2 Beton - Festlegung, Eigenschaften, Herstellung und Konformität - Anwendungsregeln zu DIN EN 206-1

Teil 3 Bauausführung - Nationaler Anhang zu DIN EN 13670

Teil 4 Ergänzende Regeln für die Herstellung und die Konformität von Fertigteilen

DIN 1048 Prüfverfahren für Beton

Teil 1 Frischbeton

Teil 2 Festbeton in Bauwerken und Bauteilen

Teil 4 Bestimmung der Druckfestigkeit von Festbeton in Bauwerken und Bauteilen

Teil 5 Festbeton, gesondert hergestellte Probekörper

DIN 1052 Holzbauwerke

Teil 1 Berechnung und Ausführung

Teil 2 Mechanische Verbindungen

Teil 3 Holzhäuser in Tafelbauart - Berechnung und Ausführung

DIN 1053 Mauerwerk

> Teil 1 Berechnung und Ausführung

> Teil 2 Mauerwerksfestigkeitsklassen aufgrund von Eignungsprüfungen

> Teil 3 Bewehrtes Mauerwerk - Berechnung und Ausführung

> Teil 4 Fertigbauteile

> Teil 11 Vereinfachtes Nachweisverfahren für unbewehrtes Mauerwerk

> Teil 12 Konstruktion und Ausführung von unbewehrtem Mauerwerk

> Teil 13 Genaueres Nachweisverfahren für unbewehrtes Mauerwerk

> Teil 14 Bemessung und Ausführung von Mauerwerk aus Naturstein

> Teil 100 Berechnung auf Grundlage des semiprobabilistischen Sicherheitskonzepts

DIN 1054 Baugrund - Sicherheitsnachweise im Erd- und Grundbau

DIN 1055 Einwirkungen auf Tragwerke

> Teil 1 Wichten und Flächenlasten von Baustoffen, Bauteilen und Lagerstoffen

> Teil 2 Bodenkenngrößen

> Teil 3 Eigen- und Nutzlasten für Hochbauten

Teil 4 Windlasten

Teil 5 Schnee- und Eislasten

Teil 6 Einwirkungen auf Silos und Flüssigkeitsbehälter

Teil 7 Temperatureinwirkungen

Teil 8 Einwirkungen während der Bauausführung

Teil 9 Außergewöhnliche Einwirkungen

Teil 10 Einwirkungen infolge Krane und Maschinen

Teil 100 Grundlagen der Tragwerksplanung, Sicherheitskonzept und Bemessungsregeln

DIN 1069 Wasserrutschen - Sicherheitstechnische Anforderungen und Prüfverfahren

DIN 1072 Straßen- und Wegbrücken; Lastannahmen

Beiblatt 1 Straßen- und Wegbrücken; Lastannahmen; Erläuterungen

DIN 1101 Häusliche Feuerstätten für feste Brennstoffe - Emissionsprüfverfahren (SPEC)

DIN 1249 Flachglas im Bauwesen

DIN 1259 Glas

DIN 1289 Feuergeschränk für Kachelöfen; Fülltür für Füllfeuerung

DIN 1301 Einheiten

Teil 1 Einheitenname, Einheitenzeichen

Teil 1 Beiblatt 1, Einheitenähnliche Namen und Zeichen: behandelt Neper, Bel, Dezibel, Phon, Sone, Dekade (dec), Oktave (oct), Terz, Cent, Bit, photografische Empfindlichkeit in DIN bzw. Röntgen-DIN (Rö-DIN), Zuckergehalt in Grad Zucker (°S) und die astronomische Größenklasse (... oder mag)

Teil 2 Allgemein angewendete Teile und Vielfache

Teil 3 Umrechnungen für nicht mehr anzuwendende Einheiten

DIN 1302 Allgemeine mathematische Zeichen und Begriffe

DIN 1304 Formelzeichen

DIN 1305 Masse, Wägewert, Kraft, Gewichtskraft, Gewicht, Last

DIN 1306 Dichte

DIN 1310 Zusammensetzung von Mischphasen (Gasgemische, Lösungen, Mischkristalle); Begriffe, Formelzeichen

DIN 1311 Schwingungen und schwingungsfähige Systeme

DIN 1312 Geometrische Orientierung

DIN 1313 Größen

DIN 1314 Druck Grundbegriffe, Einheiten

DIN 1315 Winkel

DIN 1318 Lautstärkepegel

DIN 1319 Messtechnik

DIN 1320 Akustik

DIN 1324 Elektrisches Feld

DIN 1325 Magnetisches Feld

DIN 1332 Formelzeichen Akustik

DIN 1333 Zahlenangaben

DIN 1335 Geometrische Optik - Bezeichnungen und Definitionen

DIN 1338 Formelschreibweise und Formelsatz

DIN 1339 Einheiten magnetischer Größen

DIN 1342 Viskosität; Newtonsche Flüssigkeiten

DIN 1343 Referenzzustand, Normzustand, Normvolumen

DIN 1349 Durchgang optischer Strahlung durch Medien

 Teil 1 Optisch klare Stoffe, Größen, Formelzeichen und Einheiten

 Teil 2 Optisch trübe Stoffe, Begriffe

DIN 1353 Abkürzungen von Benennungen

 Teil 1 Elementarabkürzungen, 4.1997 ersetzt durch DIN ISO 5261

 Teil 2 für Halbzeuge, 4.1997 ersetzt durch DIN ISO 5261

DIN 1355 Zeit

    Teil 1 Kalender, Wochennummerierung, Tagesdatum, Uhrzeit; 11.1994 ersatzlos zurückgezogen; Nachfolger DIN EN 28601

DIN 1356 Darstellung von Linien und Schraffuren in Bauzeichnungen

    Teil 1 Arten, Inhalt und Grundregeln der Darstellung

    Teil 6 Bauaufnahmezeichnungen

    Teil 10 Bauzeichnungen Bewehrungszeichnungen, 6.1996 ersetzt durch DIN ISO 3766 und DIN ISO 4066

DIN 1357 Einheiten elektrischer Größen

DIN 1412 Spiralbohrer aus Schnellarbeitsstahl - Anschliffformen

DIN 1421 Gliederungen und Benummerung in Texten

DIN 1422 Veröffentlichungen aus Wissenschaft, Technik, Wirtschaft und Verwaltung

    Teil 1 Gestaltung von Manuskripten und Typoskripten

    Teil 2 Gestaltung von Reinschriften für reprographische Verfahren

    Teil 3 Typographische Gestaltung

    Teil 4 Gestaltung von Forschungsberichten

DIN 1434 Bolzen

DIN 1440 Scheiben, Ausführung mittel, für Bolzen, 10.1992 ersetzt durch DIN EN 28738

DIN 1441 Scheiben, Ausführung grob, für Bolzen

DIN 1443 Bolzen ohne Kopf, 10.1992 ersetzt durch DIN EN 22340

DIN 1444 Bolzen mit Kopf, 10.1992 ersetzt durch DIN EN 22341

DIN 1450 Schriften; Leserlichkeit

DIN 1451 DIN-Schrift

DIN 1455 Handschrift (ersetzt DIN 1451 Beiblatt 5) 5.2001 ersatzlos zurückgezogen

DIN 1460 Umschrift kyrillischer Alphabete slawischer Sprachen

DIN 1463 Thesaurus

DIN 1469 Paßkerbstifte mit Hals

DIN 1474 Steckkerbstifte, 10.1992 ersetzt durch DIN EN 28741

DIN 1478 Spannschlossmuttern aus Stahlrohr oder Rundstahl

DIN 1479 Sechskant-Spannschlossmuttern

DIN 1480 Spannschlossmuttern, geschmiedet (offene Form)

DIN 1481 Spannstifte (Spannhülsen), schwere Ausführung, 8.1993 ersetzt durch DIN EN 28752

DIN 1501 Zeitschriften; Ordnungsmerkmal auf dem äußeren Umschlag, 8.1993 ersatzlos zurückgezogen

DIN 1502 Regeln für das Kürzen von Wörtern in Titeln und für das Kürzen der Titel von Veröffentlichungen, 3.2000 ersatzlos zurückgezogen

Beiblatt 1 Kürzung der Titel von Zeitschriften und ähnlichen Veröffentlichungen; Abkürzungen von Wörtern aus Sprachen mit lateinischen und kyrillischen Schriftzeichen, 10.1989 ersatzlos zurückgezogen

DIN 1503 Gestaltung von wissenschaftlichen Zeitschriften und Fachzeitschriften, 1.1987 ersatzlos zurückgezogen

DIN 1504 Schrifttumskarten, 2.1995 ersatzlos zurückgezogen

DIN 1505 Titelangaben von Dokumenten

Teil 1 Titelaufnahme von Schrifttum, Vornorm, 3.2007 ersatzlos zurückgezogen

Teil 2 Zitierregeln

Teil 3 Verzeichnisse zitierter Dokumente (Literaturverzeichnisse)

Teil 4 Titelangaben von Dokumenten: Titelaufnahme von audio-visuellen Materialien, Vornorm, 3.2007 ersatzlos zurückgezogen

DIN 1541 Kaltgewalztes Breitband und Blech aus unlegierten Stählen, seit 1992 ersetzt durch DIN EN 10131

DIN 1543 Warmgewalztes Blech von 3 bis 150 mm Dicke, seit 1992 ersetzt durch DIN EN 10029

DIN 1544 Kaltgewalztes Band aus Stahl, 11.1996 ersetzt durch DIN EN 10140

DIN 1570 Warmgewalzter gerippter Federstahl; Maße, Gewichte, zulässige Abweichungen, statische Werte; 1.2004 ersetzt durch DIN EN 10092-2

DIN 1587 Sechskant-Hutmuttern, hoch

DIN 1596 Leichte Rohrschellen aus Stahl, einlaschig mit Anzugmöglichkeit für Schienenfahrzeuge

DIN 1687 Gußrohteile aus Schwermetallegierungen

Teil 1 Sandguß - Allgemeintoleranzen, Bearbeitungszugaben

Teil 3 Kokillenguß, Allgemeintoleranzen, Bearbeitungszugaben

Teil 4 Druckguß; Allgemeintoleranzen, Bearbeitungszugaben

DIN 1700 Nichteisenmetalle, Systematik der Kurzzeichen, 5.2000 ersatzlos zurückgezogen

DIN 1705 Kupfer-Zinn- und Kupfer-Zinn-Zink-Gusslegierungen(Guß-Zinnbronze und Rotguß) – Gußstücke, 12.1998 ersetzt durch DIN EN 1982

DIN 1707 Weichlote, Zusammensetzung, Verwendung, Technische Lieferbedingungen, 3.1994 ersetzt durch DIN EN 29453

DIN 1708 Kupfer – Kathoden und Gußformate, 5.1998 ersetzt durch DIN EN 1976 und DIN EN 1978

DIN 1709 Kupfer-Zink-Gußlegierungen (Guß-Messing und Guß-Sondermessing) – Gußstücke, 12.1998 ersetzt durch DIN EN 1982

DIN 1714 Kupfer-Aluminium-Gußlegierungen (Guß-Aluminiumbronze) – Gußstücke, 12.1998 ersetzt durch DIN EN 1982

DIN 1716 Kupfer-Blei-Zinn-Gußlegierungen (Guß-Zinn-Blei-Bronze) – Gußstücke, 12.1998 ersetzt durch DIN EN 19822

DIN 1718 Kupferlegierungen – Begriffe

DIN 1769 Rechteckstangen aus Aluminium und Aluminium-Knetlegierungen, gezogen, mit scharfen Kanten, 9.1986 ersetzt durch DIN EN 754-5

DIN 1770 Rechteckstangen aus Aluminium und Aluminium-Knetlegierungen, gepreßt, 1.1987 ersetzt durch DIN EN 755-5

DIN 1786 Installationsrohre aus Kupfer, nahtlosgezogen, 5.1996 ersetzt durch DIN EN 1057

DIN 1787 Kupfer – Halbzeug

DIN 1850 Gleitlagerbuchsen

DIN 1871 Gasförmige Brennstoffe und sonstige Gase

DIN 1910 Schweißen

Teil 1: Begriffe, Einteilung der Schweißverfahren, 11.2002 ersetzt durch DIN ISO 857-1

Teil 2: Schweißen, Schweißen von Metallen, Verfahren, 11.2002 ersetzt durch DIN ISO 857-1

Teil 3: Schweißen, Schweißen von Kunststoffen, Verfahren

Teil 4: Schutzgasschweißen, Verfahren, 11.2002 ersetzt durch DIN ISO 857-1

Teil 5: Schweißen von Metallen, Widerstandsschweißen, Verfahren, 11.2002 ersetzt durch DIN ISO 857-1

Teil 10: Mechanisierte Lichtbogenschmelzschweißverfahren, Benennungen, 11.2002 ersetzt durch DIN ISO 857-1

Teil 11: Werkstoffbedingte Begriffe für Metallschweißen

Teil 12: Fertigungsbedingte Begriffe für Metallschweißen, 11.2002 ersetzt durch DIN ISO 857-1

DIN 1942 Abnahmeversuche an Dampferzeugern (zu Bestimmung von Wirkungsgraden)

DIN 1946 Raumlufttechnik

Teil 1 Terminologie und graphische Symbole, 1.2004 ersetzt durch DIN EN 12792

Teil 2 Gesundheitstechnische Anforderungen, 5.2005 ersetzt durch DIN EN 13779

Teil 3 Klimatisierung von Personenkraftwagen und Lastkraftwagen

Teil 4 Raumlufttechnische Anlagen in Krankenhäusern (VDI-Lüftungsregeln)

Teil 6 Lüftung von Wohnungen; Anforderungen, Ausführung, Abnahme (VDI-Lüftungsregeln)

Teil 7 Raumlufttechnische Anlagen in Laboratorien (VDI-Lüftungsregeln)

DIN 1960 Allgemeine Bestimmungen für die Vergabe von Bauleistungen (siehe auch VOB, Teil A)

DIN 1961 Allgemeine Vertragsbedingungen für die Ausführung von Bauleistungen (siehe auch VOB, Teil B)

DIN 1986 Entwässerungsanlagen für Gebäude und Grundstücke

> Teil 3 Regeln für Betrieb und Wartung

> Teil 4 Verwendungsbereiche von Abwasserrohren und -formstücken verschiedener Werkstoffe

> Teil 30 Instandhaltung

> Teil 100 Zusätzliche Bestimmungen zu DIN EN 752 und DIN EN 12056

DIN 1988 Technische Regeln für Trinkwasser-Installationen (TRWI)

> Teil 1 Allgemeines

> Teil 2 Planung und Ausführung; Bauteile, Apparate, Werkstoffe

> Teil 2 Beiblatt 1 Zusammenstellung von Normen und anderen Technischen Regeln über Werkstoffe, Bauteile und Apparate

> Teil 3 Ermittlung der Rohrdurchmesser

> Teil 3 Beiblatt 1 Berechnungsbeispiele

> Teil 4 Schutz des Trinkwassers (in Verbindung mit DIN EN 1717 Schutz des Trinkwassers)

> Teil 5 Druckerhöhung und Druckminderung

Teil 6 Feuerlösch- und Brandschutzanlagen

Teil 7 Vermeidung von Korrosionsschäden und Steinbildung

Teil 8 Betrieb der Anlagen

DIN 1989 Regenwassernutzungsanlagen

Teil 1 Planung, Ausführung, Betrieb und Wartung

Teil 3 Regenwasserspeicher

DIN 1999 Abscheideranlagen für Leichtflüssigkeiten

Teil 7 Abscheidefreundliche Reinigungsmittel; Anforderungen, Prüfung (Vornorm)

Teil 100 Anforderungen für die Anwendung von Abscheideranlagen nach DIN EN 858-1 und DIN EN 858-2

Teil 101 Zusätzliche Anforderungen an Abscheideranlagen nach DIN EN 858-1, DIN EN 858-2 und DIN 1999-100 für Leichtflüssigkeiten mit Anteilen von Biodiesel bzw. Fettsäure-Methylester (FAME)

DIN 2000–2999

DIN 2000 Zentrale Trinkwasserversorgung Leitsätze für Anforderungen an Trinkwasser Planung, Bau und Betrieb der Anlagen

DIN 2001 Trinkwasserversorgung aus Kleinanlagen und nicht ortsfesten Anlagen

Teil 1 Kleinanlagen - Leitsätze für Anforderungen an Trinkwasser, Planung, Bau, Betrieb und Instandhaltung der Anlagen; Technische Regel des DVGW

DIN 2046 Eimer für Sauerkraut und Gurken, zylindrisch; ohne Ersatz zurückgezogen

DIN 2092 Tellerfedern, Berechnung

DIN 2093 Tellerfedern, Maße, Qualitätsanforderungen

DIN 2101 Schreibmaschinen Schreibwalzen für Schwinghebelschreibmaschinen

DIN 2107 Schreibmaschinen Schriftgrößen,Teilung, Grundzeilenabstand (Typenkörper für Typenhebelschreibmaschinen)

DIN 2108 Schreibmaschinen (Benennung der Maschinenarten bzw. Begriffe und Einteilung)

DIN 2112 Alphanumerische Tastaturen; Tastenanordnungen für Handbetriebene Schreibmaschine.

DIN 2127 Alphanumerische Tastaturen; Tastenanordnung für elektromechanisch angetriebene Schreibmaschinen

DIN 2137 Alphanumerische Tastaturen

DIN 2330 Begriffe und Benennungen; Allgemeine Grundsätze

DIN 2332 Benennen international übereinstimmender Begriffe

DIN 2340 Kurzformen für Benennungen und Namen

DIN 2342 Begriffe der Terminologielehre;

Teil 1 Grundbegriffe

DIN 2345 Übersetzungsaufträge; 12.2006 ersatzlos zurückgezogen (siehe auch DIN EN 15038)

DIN 2391 Nahtlose Präzisionsstahlrohre, seit 2003 ersetzt durch DIN EN 10305-1

DIN 2395 geschweißte Präzisionsstahlrohre mit rechteckigem und quadratischem Querschnitt, ersetzt durch DIN EN 10305-5

DIN 2401 Druck und Temperaturangaben

Teil 1 Begriffe, Nenndruckstufen, 9.1997 ersetzt durch DIN EN 764-1

DIN 2403 Farbliche Kennzeichnung von Rohrleitungen

DIN 2413 Nahtlose Stahlrohre für öl- und wasserhydraulische Anlagen - Berechnungsgrundlage für Rohre und Rohrbögen bei schwellender Beanspruchung

DIN 2425 Planwerke für die Versorgungswirtschaft, die Wasserwirtschaft und für Fernleitungen

Teil 1 Rohrnetzpläne der öffentlichen Gas- und Wasserversorgung

Teil 2 Rohrnetzpläne der Fernwärmeversorgung

Teil 3 Pläne für Rohrfernleitungen, Technische Regel des DVGW

Teil 4 Kanalnetzpläne öffentlicher Abwasserleitungen

Teil 5 Karten und Pläne der Wasserwirtschaft

Teil 6 Karten und Pläne für den Gewässerausbau, den Hochwasser- und Küstenschutz

DIN 2440 Mittelschweres Gewinderohr, ersetzt durch DIN EN 10255

DIN 2441 Schweres Gewinderohr, ersetzt durch DIN EN 10255

DIN 2444 Verzinkung von Stahlrohren, seit 1998 ersetzt durch DIN EN 10240

DIN 2448 Nahtlose Stahlrohre, seit 2003 ersetzt durch DIN EN 10220

DIN 2458 Geschweißte Stahlrohre, Siederohre, ersetzt durch DIN EN 10220

DIN 2462 Nahtlose Rohre aus nichtrostenden Stählen

Teil 1 Maße, längenbezogene Massen, 6.1996 ersetzt durch DIN EN ISO 1127

DIN 2463 Geschweißte Rohre aus austenitischen nichtrostenden Stählen

Teil 1 Maße, längenbezogene Massen, 6.1996 ersetzt durch DIN EN ISO 1127

DIN 2501 Flansche

> Teil 1 Anschlußmaße, 11.2007 ersetzt durch DIN EN 1092-1/2

DIN 2507 Schrauben und Muttern für Rohrleitungen, 1.2000 ersetzt durch DIN EN 1515-1

DIN 2512 Flansche - Feder und Nut PN 10 - PN 160, 6.2002 ersetzt durch DIN EN 1092-1

DIN 2513 Flansche - Vor- und Rücksprung PN 10 - PN 100, 6.2002 ersetzt durch DIN EN 1092-1

DIN 2514 Flansche - Vorsprung mit Eindrehung und Rücksprung PN 10 - PN 100, 6.2002 ersetzt durch DIN EN 1092-1

DIN 2519 Stahlflansche - Technische Lieferbedingungen, 6.2002 ersetzt durch DIN EN 1092-1

DIN 2526 Flansche - Formen der Dichtflächen, 11.2007 ersetzt durch DIN EN 1092-1

DIN 2527 Blindflansche, PN 06 - PN 100, 6.2002 ersetzt durch DIN EN 1092-1

DIN 2559 Schweißnahtvorbereitung

> Teil 1, Richtlinien für Fugenformen, Schmelzschweißen von Stumpfstößen an Stahlrohren, 5.2004 ersetzt durch DIN EN ISO 9692-1

DIN 2565 Gewindeflansche mit Ansatz, PN 06, 6.2002 ersetzt durch DIN EN 1092-1

DIN 2566 Gewindeflansche mit Ansatz, PN 10, 6.2002 ersetzt durch DIN EN 1092-1

DIN 2567 Gewindeflansche mit Ansatz, PN 40, 6.2002 ersetzt durch DIN EN 1092-1

DIN 2573 Flansche, glatt zum Löten oder Schweißen PN 6, 6.2002 ersetzt durch DIN EN 1092-1

DIN 2576 Flansche, glatt zum Löten oder Schweißen PN 10, 6.2002 ersetzt durch DIN EN 1092-1

DIN 2605 Formstücke zum Einschweißen, Rohrbogen,

Teil 1 Verminderter Ausnutzungsgrad, 6.2008 ersetzt durch DIN EN 10253-2/4

Teil 2 Voller Ausnutzungsgrad, 6.2008 ersetzt durch DIN EN 10253-2/4

DIN 2609 Stahlfittings zum Einschweißen

Teil 1 Verminderter Ausnutzungsgrad, 6.2008 ersetzt durch DIN EN 10253-2/4

Teil 2 Voller Ausnutzungsgrad, 6.2008 ersetzt durch DIN EN 10253-2/4

DIN 2615 Formstücke zum Einschweißen, T-Stücke

Teil 1 Verminderter Ausnutzungsgrad, 6.2008 ersetzt durch DIN EN 10253-2/4

Teil 2 Voller Ausnutzungsgrad, 6.2008 ersetzt durch DIN EN 10253-2/4

DIN 2616 Formstücke zum Einschweißen, Reduzierstücke, konzentrisch und exzentrisch, 6.2008 ersetzt durch DIN EN 10253-2/4

DIN 2617 Formstücke zum Einschweißen, Kappen, Maße, 6.2008 ersetzt durch DIN EN 10253-2/4

DIN 2618 Stahlfittings zum Einschweißen; Sattelstutzen, Nenndruck 16, 9.1997 ersatzlos zurückgezogen

DIN 2627 Vorschweißflansche PN 400, 6.2002 ersetzt durch DIN EN 1092-1

DIN 2628 Vorschweißflansche PN 250, 6.2002 ersetzt durch DIN EN 1092-1

DIN 2629 Vorschweißflansche PN 320, 6.2002 ersetzt durch DIN EN 1092-1

DIN 2630 Vorschweißflansche Nenndruck 1 und 2,5, ersetzt durch DIN EN 1092-1

DIN 2631 Vorschweißflansche Nenndruck 6, ersetzt durch DIN EN 1092-1

DIN 2632 Vorschweißflansche Nenndruck 10, ersetzt durch DIN EN 1092-1

DIN 2633 Vorschweißflansche Nenndruck 16, ersetzt durch DIN EN 1092-1

DIN 2634 Vorschweißflansche Nenndruck 25, ersetzt durch DIN EN 1092-1

DIN 2635 Vorschweißflansche Nenndruck 40, ersetzt durch DIN EN 1092-1

DIN 2636 Vorschweißflansche Nenndruck 64, ersetzt durch DIN EN 1092-1

DIN 2637 Vorschweißflansche Nenndruck 100, ersetzt durch DIN EN 1092-1

DIN 2638 Vorschweißflansche PN 160, 11.2007 ersetzt durch DIN EN 1092-1

DIN 2641 Lose Flansche - Vorschweißbördel - Glatte Bunde PN 6, 6.2002 ersetzt durch DIN EN 1092-1

DIN 2642 Lose Flansche - Vorschweißbördel - Glatte Bunde PN 10, 6.2002 ersetzt durch DIN EN 1092-1

DIN 2655 Lose Flansche - Glatte Bunde PN 25, 6.2002 ersetzt durch DIN EN 1092-1

DIN 2656 Lose Flansche - Glatte Bunde PN 40, 6.2002 ersetzt durch DIN EN 1092-1

DIN 2673 Lose Flansche mit Vorschweißbund PN 10, 6.2002 ersetzt durch DIN EN 1092-1

DIN 2796 Flanschverbindungen mit Gewindebunden, Beanspruchungen. Ausgabe 6.1948, Norm zurückgezogen

DIN 2805 Flanschverbindungen mit Vorschweißbunden, Beanspruchungen. Ausgabe 5.1948, Norm zurückgezogen

DIN 2856 Lötfitting, ersetzt durch DIN EN 1254

DIN 2860 Handhabungssysteme

DIN 2867 Fittings für Lötverbindungen

Teil 1 Winkel aus Rotguß, 5.1984 ersatzlos zurückgezogen

DIN 2950 Tempergußfittings ersetzt durch DIN EN 10242

DIN 2980 Stahlfittings mit Gewinde, 8.2000 ersetzt durch DIN EN 10241

DIN 2981 Stahlfittings mit Gewinde - Langgewinde, 8.2000 ersetzt durch DIN EN 10241

DIN 2982 Stahlfittings mit Gewinde - Rohrnippel - Rohrdoppelnippel, 8.2000 ersetzt durch DIN EN 10241

DIN 2983 Stahlfittings mit Gewinde - Bogen, 8.2000 ersetzt durch DIN EN 10241

DIN 2986 Stahlfittings mit Gewinde - Muffen, 8.2000 ersetzt durch DIN EN 10241

DIN 2987 Stahlfittings mit Gewinde

Teil 1 Kreuz - T - Winkel, 8.2000 ersetzt durch DIN EN 10241

Teil 2 T - Winkel - reduziert, 8.2000 ersetzt durch DIN EN 10241

DIN 2988 Stahlfittings mit Gewinde - Absatzmuffen, 8.2000 ersetzt durch DIN EN 10241

DIN 2990 Stahlfittings mit Gewinde - Doppelnippel mit Sechskant - Reduzierstück, 8.2000 ersetzt durch DIN EN 10241

DIN 2991 Stahlfittings mit Gewinde - Stopfen - Kappen, 8.2000 ersetzt durch DIN EN 10241

DIN 2993 Stahlfittings mit Gewinde - Rohrverschraubungen, 8.2000
ersetzt durch DIN EN 10241

DIN 2999 Whitworth-Rohrgewinde für Gewinderohre und Fittings (6
Teile), 5.2005 ersetzt durch DIN EN 10226-1...3

DIN 3000–3999

DIN 3140 Maß- und Toleranzangaben für Optik-Einzelteile (2.2000 ersetzt durch DIN ISO 10110-1...12)

    Teil 1: Darstellung, Maßeintragung, Werkstoff

    Teil 2: Blasen

    Teil 3: Schlieren

    Teil 4: Spannungen

    Teil 5: Paßfehler

    Teil 6: Zentrierfehler

    Teil 7: Oberflächenfehler

    Teil 8: Oberflächengüte

    Teil 9: Oberflächenbeschichtungen

    Teil 10: Fehlstellen von Oberflächenbeschichtungen

    Teil 11: Darstellung in Tabellenform (Entwurf), 5.1998 ersetzt durch DIN ISO 10110-10

DIN 3158 Kältemittelarmaturen - Sicherheitstechnische Festlegungen - Prüfung - Kennzeichnung

DIN 3202 Baulängen von Armaturen

    Teil 1 Flanscharmaturen, 12.1995 ersetzt durch DIN EN 558-1

Teil 4 Armaturen mit Innengewinde-Anschluß

Teil 5 Armaturen mit Rohrverschraubungsanschluß

DIN 3211 Armaturen

Teil 1 Benennungen und Definitionen, 4.1995 ersetzt durch DIN EN 736-1

DIN 3230 Technische Lieferbedingungen für Armaturen

Teil 1 Anfrage, Bestellung und Lieferung, 6.2003 ersetzt durch DIN EN 12266-1

Teil 2 Allgemeine Anforderungen, 6.2003 ersetzt durch DIN EN 12266-1 und DIN EN 12570

Teil 3 Zusammenstellung möglicher Prüfungen, 6.2003 ersetzt durch DIN EN 12266-1/2

Teil 4 Armaturen für Trinkwasser, Anforderungen und Prüfung

Teil 5 Armaturen für Gasleitungen und Gasanlagen, Anforderungen und Prüfungen

Teil 6 Armaturen für brennbare Flüssigkeiten, Anforderungen und Prüfung

DIN 3319 Handräder, gekröpft – Nabenloch mit verjüngtem Vierkant

DIN 3320 Sicherheitsventile; Sicherheitsabsperrventile

Teil 1 Begriffe, Größenbemessung, Kennzeichnung; 4.2009 zurückgezogen, DIN EN ISO 4126 und DIN EN 794 empfohlen

Teil 3 Baulängen von Sicherheitsventilen mit Flanschanschluss bis PN 40 und bis DN 250

DIN 3321 Unterflurhydranten PN 16

DIN 3322 Überflurhydranten PN 16

DIN 3334 Heizungsmischer mit Flanschanschluss, ND 6 max. 110 °C – Dreiwegemischer, Vierwegemischer, Baumaße

DIN 3335 Heizungsmischer mit Muffenanschluss, ND 6 max. 110 °C; Dreiwegemischer, Vierwegemischer, Baumaße

DIN 3336 Heizungsmischer mit Einschweißenden, ND 6 max. 110 °C; Dreiwegemischer, Vierwegemischer, Baumaße

DIN 3338 Anschlüsse von Drehantrieben an Armaturen – Kupplungsmaße für Klauenkupplungen (Form C)

DIN 3339 Armaturen – Werkstoffe für Gehäuseteile

DIN 3341 Plattenventile für Verdrängerkompressoren – Saugventile, Druckventile – Hauptmaße, Werkstoffe, Einbau

DIN 3352 Schieber

Teil 1 Allgemeine Angaben

Teil 5 Schieber aus Stahl, mit innen- oder außenliegendem Spindelgewinde, isomorphe Baureihe

DIN 3354 Klappen

Teil 1 Allgemeine Angaben, 3.1998 ersetzt durch DIN EN 593

Teil 2 Absperrklappen, dicht schließend, weich dichtend, aus Gußeisen, mit Flanschen, 3.1998 ersetzt durch DIN EN 593

Teil 3 Absperrklappen, dicht schließend, weich dichtend, aus Stahl und Stahlguß, mit Flanschen oder Schweißenden, 3.1998 ersetzt durch DIN EN 593

Teil 4 Absperrklappen, dicht schließend, aus Stahl und Stahlguß, metallisch dichtend, mit Flanschen oder Schweißenden, 3.1998 ersetzt durch DIN EN 593

Teil 5 Absperrklappen, dicht schließend, zentrisch, zum Einklemmen oder Anflanschen mit weichdichtender Gehäuseauskleidung, Entwurf 3.1999 ohne Ersatz zurückgezogen

DIN 3356 Ventile

Teil 1 Allgemeine Angaben

Teil 2 Absperrventile aus Gusseisen, 1.2003 ersetzt durch DIN EN 13789

Teil 3 Absperrventile aus unlegierten Stählen, 1.2003 ersetzt durch DIN EN 13709

Teil 4 Absperrventile aus warmfesten Stählen, 1.2003 ersetzt durch DIN EN 13709

Teil 5 Absperrventile aus nichtrostenden Stählen, 1.2003 ersetzt durch DIN EN 13709

Teil 6 Absperrventile aus kaltzähen Stählen, Entwurf 8.1983 ohne Ersatz zurückgezogen

DIN 3357 Kugelhähne

    Teil 1 Allgemeine Angaben für Kugelhähne aus metallischen Werkstoffen

    Teil 2 Kugelhähne aus Stahl mit Volldurchgang, 7.2006 ersetzt durch DIN EN 1983

    Teil 3 Kugelhähne aus Stahl mit reduziertem Durchgang, 7.2006 ersetzt durch DIN EN 1983

    Teil 4 Kugelhähne aus Nichteisenmetallen mit Volldurchgang, 2.2007 ersetzt durch DIN CEN/TS 13547

    Teil 5 Kugelhähne aus Nichteisenmetallen mit reduziertem Durchgang, 2.2007 ersetzt durch DIN CEN/TS 13547

    Teil 6 Kugelhähne, aus Gusseisen mit Volldurchgang, 5.1997 ohne Ersatz zurückgezogen

    Teil 7 Kugelhähne, aus Gusseisen mit reduziertem Durchgang, 5.1997 ohne Ersatz zurückgezogen

DIN 3358 Anschlüsse von Schubantrieben an Armaturen – Anschlussmaße bei Flanschverbindung

DIN 3360 Gasgeräte; Haushalt-Kochgeräte für gasförmige Brennstoffe

    Teil 4 Heizherde

DIN 3360 Haushalt-Kochgeräte für gasförmige Brennstoffe

    Teil 13 Hauben über den Geräten

      DIN 3363 Gasgeräte für Großküchenanlagen

Teil 3 Glaskeramik-Kochfelder für Herde; Anforderungen und Prüfung

DIN 3389 Isolierstücke für Hausanschlußleitungen in der Gas- und Wasserversorgung; Einbaufertige Isolierstücke, Anforderungen und Prüfungen

DIN 3440 Temperaturregel- und -begrenzungseinrichtungen für wärmetechnische Anlagen (Heizanlagen), 3.2003 ersetzt durch DIN EN 14597

DIN 3512 Absperrarmaturen für Trinkwasserinstallationen in Grundstücken und Gebäuden; Ventile in Durchgangsform; Oberteil senkrecht stehend PN 10 (Geradsitzventil)

DIN 3570 Rundstahlbügel

DIN 3760 Radial-Wellendichtringe

DIN 3770 Runddichtringe, 9.1993 ohne Ersatz zurückgezogen

DIN 3771 O-Ringe

DIN 3840 Armaturengehäuse - Festigkeitsberechnung gegen Innendruck, 10.2004 ersetzt durch DIN EN 12516-2

DIN 3859 Rohrverschraubungen

Teil 1 Technische Lieferbedingungen

Teil 2 Montageanleitungen für lötlose Rohrverschraubungen mit Schneidringen nach DIN 2353 und DIN EN ISO 8434-1

DIN 3871 Lötlose und gelötete Rohrverschraubungen; Überwurfschrauben

DIN 3960 Begriffe und Bestimmungsgrößen für Stirnräder (Zylinder-
          räder) und Stirnradpaare (Zylinderradpaare) mit Evolven-
          tenverzahnung

DIN 3971 Begriffe und Bestimmungsgrößen für Kegelräder und Ke-
          gelradpaare

DIN 3972 Bezugsprofile von Verzahnwerkzeugen, für Evolventen-
          Verzahnungen nach DIN 867

DIN 3975 Begriffe und Bestimmungsgrößen für Zylinderschneckenge-
          triebe mit sich rechtwinklig kreuzenden Achsen

     Teil 1 Schnecke und Schneckenrad

     Teil 2 Abweichungen

DIN 3979 Zahnschäden an Zahnradgetrieben, Bezeichnung, Merkma-
          le, Ursachen

DIN 3990 Tragfähigkeitsberechnung von Stirnrädern

     Teil 1 Einführung und allgemeine Einflußfaktoren

     Teil 2 Berechnung von Grübchentragfähigkeit

     Teil 3 Berechnung der Zahnfußtragfähigkeit

     Teil 5 Dauerfestigkeitswerte und Werkstoffqualitäten

     Teil 6 Betriebsfestigkeitsrechnung

DIN 4000–4999

DIN 4000 Sachmerkmal-Leisten (diverse Normteile)

DIN 4017 Baugrund - Berechnung des Grundbruchwiderstands von Flachgründungen

DIN 4020 Geotechnische Untersuchungen für bautechnische Zwecke

DIN 4021 Baugrund - Aufschluß durch Schürfe und Bohrungen sowie Entnahme von Proben, 1.2007 ersetzt durch DIN EN ISO 22475-1

DIN 4022 Baugrund und Grundwasser, Kurzbeschreibung, Benennen und Beschreiben von Boden und Fels

Teil 1 Schichtenverzeichnis für Untersuchungen und Bohrungen ohne durchgehende Gewinnung von gekernten Proben, 1.2007 ersetzt durch DIN EN ISO 14688-1, DIN EN ISO 14689-1, DIN EN ISO 22475-1

Teil 2 Schichtenverzeichnis für Bohrungen im Fels (Festgestein), 1.2007 ersetzt durch DIN EN ISO 22475-1

Teil 3 Schichtenverzeichnis für Bohrungen mit durchgehender Gewinnung von gekernten Proben im Boden (Lockergestein), 1.2007 ersetzt durch DIN EN ISO 22475-1

DIN 4023 Geotechnische Erkundung und Untersuchung - Zeichnerische Darstellung der Ergebnisse von Bohrungen und sonstigen direkten Aufschlüssen

DIN 4030 Beurteilung betonangreifender Wässer, Böden und Gase

Teil 1 Grundlagen und Grenzwert

Teil 2 Entnahme und Analyse von Wasser- und Bodenproben

DIN 4033 Entwässerungskanäle und -leitungen , Richtlinien für die Ausführung

DIN 4040 Abscheideranlagen für Fette

Teil 100 Anforderungen an die Anwendung von Abscheideranlagen nach DIN EN 1825-1 und DIN EN 1825-2

DIN 4044 Hydromechanik im Wasserbau; Begriffe

DIN 4045 Abwassertechnik, Grundbegriffe

DIN 4047 Landwirtschaftlicher Wasserbau; Begriffe

Teil 1 Ausbau von Gewässern, Bewässerung, Dränung

Teil 2 Hochwasserschutz, Küstenschutz, Schöpfwerke

Teil 3 Bodenkunde, Bodensystematik und Bodenuntersuchung

Teil 4 Moore und Moorböden

Teil 5 Ausbau und Unterhaltung von Gewässern

Teil 6 Bewässerung

Teil 7 Erosionsschutz

Teil 9 Entwässerung, Dränung

Teil 10 Eigenschaften des Bodens als Pflanzenstandort; 3.2002 ersetzt durch DIN 4047-3

DIN 4048 Wasserbau, Begriffe

    Teil 1 Stauanlagen

    Teil 2 Wasserkraftanlagen

DIN 4049 Hydrologie (Gewässerkunde)

    Teil 1 Grundbegriffe

    Teil 2 Begriffe der Gewässerbeschaffenheit

    Teil 3 Begriffe zur quantitativen Hydrologie

DIN 4050 Abwasserwesen (Fachausdrücke und Begriffserklärungen), ersetzt durch DIN 2425-4

DIN 4054 Verkehrswasserbau, Begriffe

DIN 4063 Hinweisschilder für den Zivilschutz

DIN 4065 Gasfernleitungen; Hinweisschilder

DIN 4066 Hinweisschilder für die Feuerwehr

DIN 4067 Wasser; Hinweisschilder, Orts-Wasserverteilungs- und Wasserfernleitungen

DIN 4068 Abwasser; Hinweisschilder

DIN 4069 Orts-Gasverteilungsleitungen; Hinweisschilder

DIN 4073 Gehobelte Bretter und Bohlen aus Nadelholz,

    Teil 1 Maße, 3.2005 ersatzlos zurückgezogen

DIN 4074 Sortierung von Holz nach der Tragfähigkeit

Teil 1 Nadelschnittholz

Teil 2 Gütebedingungen für Baurundholz (Nadelholz)

Teil 3 Apparate zur Unterstützung der visuellen Sortierung von Schnittholz; Anforderungen und Prüfung

Teil 4 Nachweis der Eignung zur apparativ unterstützten Schnittholzsortierung

Teil 5 Laubschnittholz

DIN 4076 Benennungen und Kurzzeichen auf dem Holzgebiet

Teil 1 Holzarten, ersetzt durch DIN EN 13556

DIN 4084 Baugrund - Geländebruchberechnungen

DIN 4094 Baugrund, Felduntersuchungen

Teil 1 Drucksondierungen

Teil 2 Bohrlochrammsondierung

Teil 3 Rammsondierungen

Teil 4 Flügelscherversuche

Teil 5 Bohrlochaufweitungsversuche

DIN 4095 Dränung zum Schutz baulicher Anlagen, Planung, Bemessung und Ausführung

DIN 4102 Brandverhalten von Baustoffen und Bauteilen

DIN 4108 Wärmeschutz und Energieeinsparung in Gebäuden

Teil 2 Mindestanforderungen an den Wärmeschutz

Teil 3 Klimabedingter Feuchteschutz, Anforderungen, Berechnungsverfahren und Hinweise für Planung und Ausführung

Teil 4 Luftdichtheit von Gebäuden - Anforderungen, Planungs- u. Ausführungempfehlungen, Beispiele

Teil 7 Luftdichtheit von Gebäuden, Anforderungen, Planungs- und Ausführungsempfehlungen u. Beispiele

Teil 8 Vermeidung von Schimmelwachstum in Wohngebäuden

Teil 10 Anwendungsbezogene Anforderungen an Wärmedämmstoffe - werksmäßig hergestellte Wärmedämmstoffe

DIN 4109 Schallschutz im Hochbau

DIN 4123 Ausschachtungen, Gründungen und Unterfangungen im Bereich bestehender Gebäude

DIN 4124 Baugruben und Gräben, Böschungen, Arbeitsraumbreiten, Verbau

DIN 4128 Verpresspfähle (Ortbeton- und Verbundpfähle) mit kleinem Durchmesser

DIN 4140 Dämmarbeiten an betriebstechnischen Anlagen in der Industrie und in der technischen Gebäudeausrüstung - Ausführung von Wärme- und Kältedämmungen

DIN 4149 Bauten in deutschen Erdbebengebieten - Lastannahmen, Bemessung und Ausführung üblicher Hochbauten

DIN 4150 Erschütterungen im Bauwesen

Teil 1 Vorermittlung von Schwingungsgrößen

Teil 2 Einwirkungen auf Menschen in Gebäuden

Teil 3 Einwirkungen auf bauliche Anlagen

DIN 4159 Ziegel für Decken und Vergusstafeln – statisch mitwirkend

DIN 4160 Ziegel für Decken – statisch nicht mitwirkend

DIN 4172 Maßordnung im Hochbau

DIN 4226 Gesteinskörnungen für Beton und Mörtel

Teil 1 Normale und schwere Gesteinskörnungen, 4.2003 ersetzt durch DIN EN 12620

Teil 2 Leichte Gesteinskörnungen, 4.2003 ersetzt durch DIN EN 12620

Teil 3 Zuschlag für Beton; Prüfung von Zuschlag mit dichtem oder porigem Gefüge, 2.2002 ersetzt durch DIN 4226-1/2

Teil 100: Rezyklierte Gesteinskörnungen

DIN 4261 Kleinkläranlagen

Teil 1 Anlagen zur Abwasservorbehandlung

Teil 2 Kleinkläranlagen mit belüfteter Reinigungsstufe, 10.2005 ersetzt durch DIN EN 12566-1/3

Teil 3 Anlagen ohne Abwasserbelüftung - Betrieb und Wartung, 5.2004 ersetzt durch DIN EN 12566-1

Teil 4 Anlagen mit Abwasserbelüftung - Betrieb und Wartung, 10.2005 ersetzt durch DIN EN 12566-3

Teil 5 Versickerung von biologisch aerob behandeltem Schmutzwasser

Teil 101 Anlagen ohne Abwasserbelüftung - Grundsätze zur werksseitigen Produktionskontrolle und Fremdüberwachung, 10.2005 ersetzt durch DIN EN 12566-3

DIN 4262 Rohre und Formstücke für die unterirdische Entwässerung im Verkehrswege- und Tiefbau

Teil 1 Rohre, Formstücke und deren Verbindungen aus PVC-U, PP und PE

Teil 3 Rohre und Formstücke aus Beton und deren Verbindungen

DIN 4420 Arbeits- und Schutzgerüste - Leitergerüste Sicherheitstechnische Anforderungen

Teil 1 Schutzgerüste - Leistungsanforderungen, Entwurf, Konstruktion und Bemessung

Teil 3 Ausgewählte Gerüstbauarten und ihre Regelausführungen

DIN 4421 Traggerüste – Berechnung, Konstruktion und Ausführung

DIN 4512 Photographische Sensitometrie

 Teil 1 Bestimmung der Lichtempfindlichkeit von Schwarz-weiß-Negativmaterial für bildmäßige Aufnahmen, 2000-09 ersetzt durch DIN ISO 6:1996-02

 Teil 3 Bestimmung der optischen Dichte von durchlässigen streuenden Schichten, 1. 1993 ersetzt durch DIN 4512-7...9

 Teil 4 Bestimmung der Lichtempfindlichkeit von Farb-Umkehrfilmen, 2002-06 ersetzt durch DIN ISO 2240:1998-06

 Teil 5 Bestimmung der Lichtempfindlichkeit von Farb-Negativfilmen, 2002-06 ersetzt durch DIN ISO 5800:1998-06

 Teil 6 Sensitometrische Lichtarten und Lichtquellen.

 Teil 7 Bestimmung der optischen Dichte; Begriffe, Symbole und Kennzeichnungen

 Teil 8 Bestimmung der optischen Dichte; Geometrische Bedingungen für Messungen bei Transmission

 Teil 9 Bestimmung der optischen Dichte; Spektrale Bedingungen

 Teil 10 Bestimmung der optischen Dichte; Geometrische Bedingungen für Messungen bei Reflexion

DIN 4426 Sicherheitstechnische Anforderungen an Arbeitsplätze und Verkehrswege - Planung und Ausführung (Einrichtung zur IH baulicher Anlagen)

DIN 4620 Federstahl, warmgewalzt, mit gerundeten Schmalseiten für Blattfedern; 1.2004 ersetzt durch DIN EN 10092-1

DIN 4701 Wärmebedarf von Gebäuden, Teile 1, 2 und 3 ersetzt durch
DIN EN 12831

DIN 4702 Heizkessel

Teil 1 Begriffe, Anforderungen, Prüfung, Kennzeichnung

Teil 2 Regeln für die heiztechnische Prüfung

Teil 3 Gas-Spezialheizkessel mit Brenner ohne Gebläse

Teil 4 Heizkessel für Holz, Stroh und ähnliche Brennstoffe; Begriffe, Anforderungen, Prüfungen

Teil 6 Brennwertkessel für gasförmige Brennstoffe

Teil 8 Ermittlung des Norm-Nutzungsgrades und des Norm-Emissionsfaktors

DIN 4734 Dekorative Feuerstellen für flüssige Brennstoffe – Dekorative Geräte, die unter Verwendung eines Ethanol basierten flüssigen oder gelförmigen Brennstoffes eine Flamme erzeugen

Teil 1: Nutzung im privaten Haushaltsbereich

DIN 4747 Fernwärmeanlagen

Teil 1 Sicherheitstechnische Ausrüstung von Unterstationen, Hausstationen und Hausanlagen zum Anschluss an Heizwasser-Fernwärmenetze

DIN 4751 Kesselausrüstung, ersetzt durch DIN EN 12828

DIN 4752 Heißwasserheizungsanlagen mit Vorlauftemperaturen von mehr als 110 °C

DIN 4753 Wassererwärmer und Wassererwärmungsanlagen für Trink und Betriebswasser - Anforderungen, Kennzeichnung, Ausrüstung und Prüfung

DIN 4754 Wärmeübertragungsanlagen mit organischen Flüssigkeiten - Sicherheitstechnische Anforderungen, Prüfung

DIN 4844 Graphische Symbole - Sicherheitsfarben und Sicherheitszeichen

Teil 1 Gestaltungsgrundlagen für Sicherheitszeichen zur Anwendung in Arbeitsstätten und in öffentlichen Bereichen

Teil 2 Darstellung von Sicherheitszeichen

Teil 3 Flucht- und Rettungspläne, 12.2010 ersetzt durch DIN ISO 23601

DIN 4893 Millimeter – Zoll; Umrechnungstafeln ...

DIN 4943 Zeichnerische Darstellung und Dokumentation von Brunnen und Grundwassermessstellen

DIN 4971 Gerade Drehmeißel mit Schneidplatte aus Hartmetall

DIN 4972 Gebogene Drehmeißel mit Schneidplatte aus Hartmetall

DIN 4973 Innen-Drehmeißel mit Schneidplatte aus Hartmetall

DIN 4974 Innen-Eckdrehmeißel mit Schneidplatte aus Hartmetall

DIN 4975 Spitze Drehmeißel mit Schneidplatte aus Hartmetall

DIN 4976 Breite Drehmeißel mit Schneidplatte aus Hartmetall

DIN 4977 Abgesetzte Stirndrehmeißel mit Schneidplatte aus Hartmetall

DIN 4978 Abgesetzte Eckdrehmeißel mit Schneidplatte aus Hartmetall

DIN 4980 Abgesetzte Seitendrehmeißel mit Schneidplatte aus Hartmetall

DIN 4981 Stechdrehmeißel mit Schneidplatte aus Hartmetall

DIN 4991 Geschäftsvordrucke, Rahmenmuster für Handelspapiere (z. B. Rechnungen, Bestellungen u. ä.)

DIN 5000–5999

DIN 5004 Geschäftsvordrucke - Einheitswechsel

DIN 5005 Papier und Pappe - Ringbucheinlagen - Lochdurchmesser, Lochmittenabstände für die Formate A4 und A5

DIN 5007 Ordnen von Schriftzeichenfolgen

Teil 1 Allgemeine Regeln für die Aufbereitung (ABC-Regeln)

Teil 2 Ansetzungsregeln für die alphabetische Ordnung von Namen

DIN 5008 Schreib- und Gestaltungsregeln für die Textverarbeitung wie z. B. das Datumsformat und die Schreibweise von Zahlen

DIN 5009 Diktierregeln

DIN 5012 Kurzmitteilung, 10.2008 ohne Ersatz zurückgezogen

DIN 5013 Pendelbrief, 10.2008 ohne Ersatz zurückgezogen

DIN 5030 Spektrale Strahlungsmessung

Teil 1 Begriffe, Größen, Kennzahlen

Teil 2 Strahler für spektrale Strahlungsmessungen; Auswahlkriterien

Teil 3 Spektrale Aussonderung; Begriffe und Kennzeichnungsmerkmale

Teil 5 Physikalische Empfänger für spektrale Strahlungsmessungen; Begriffe, Kenngrößen, Auswahlkriterien

DIN 5031 Strahlungsphysik im optischen Bereich und Lichttechnik

Beiblatt 1 Inhaltsverzeichnis über Größen, Formelzeichen und Einheiten sowie Stichwortverzeichnis zu DIN 5031-1 bis -10

Teil 1 Größen, Formelzeichen und Einheiten der Strahlungsphysik

Teil 2 Strahlungsbewertung durch Empfänger

Teil 3 Größen, Formelzeichen und Einheiten der Lichttechnik

Teil 4 Wirkungsgrade

Teil 5 Temperaturbegriffe

Teil 6 Pupillen-Lichtstärke als Maß für die Netzhautbeleuchtung

Teil 7 Benennung der Wellenlängenbereiche

Teil 8 Strahlungsphysikalische Begriffe und Konstanten

Teil 9 Lumineszenz-Begriffe

Teil 10 Photobiologisch wirksame Strahlung, Größen, Kurzzeichen und Wirkungsspektren

DIN 5032 Lichtmessung

Teil 1 Photometrische Verfahren

Teil 2 Betrieb elektrischer Lampen und Messung der zugehörigen Größen

Teil 3 Messbedingungen für Gasleuchten

Teil 4 Messungen an Leuchten

Teil 6 Photometer, Begriffe, Eigenschaften und deren Kennzeichnung, 10.2004 ersetzt durch DIN EN 13032-1

Teil 7 Klasseneinteilung von Beleuchtungsstärke- und Leuchtedichtemessgeräten

Teil 8 Datenblatt für Beleuchtungsstärkemessgeräte

DIN 5033 Farbmessung

Teil 1 Grundbegriffe der Farbmetrik

Teil 2 Normvalenz-Systeme

Teil 3 Farbmaßzahlen

Teil 4 Spektralverfahren

Teil 5 Gleichheitsverfahren

Teil 6 Dreibereichsverfahren

Teil 7 Meßbedingungen für Körperfarben

Teil 8 Meßbedingungen für Lichtquellen

Teil 9 Weißstandard zur Kalibrierung für Farbmessung und Photometrie

DIN 5034 Tageslicht in Innenräumen

Teil 1 Allgemeine Anforderungen

Teil 2 Grundlagen

Teil 3 Berechnung

Teil 4 Vereinfachte Bestimmung von Mindestfenstergrößen für Wohnräume

Teil 5 Messung

Teil 6 Vereinfachte Bestimmung zweckmäßiger Abmessungen von Oberlichtöffnungen in Dachflächen

DIN 5035 Beleuchtung mit künstlichem Licht

Teil 1 Begriffe und allgemeine Anforderungen, 9.2002 ersetzt durch DIN EN 12665

Teil 2 Richtwerte für Arbeitsstätten in Innenräumen und im Freien, 10.2007 ersetzt durch DIN EN 12464-1/2

Teil 3 Innenraumbeleuchtung mit künstlichem Licht; Beleuchtung in Krankenhäusern

Teil 4 Innenraumbeleuchtung mit künstlichem Licht; Spezielle Empfehlungen für die Beleuchtung von Unterrichtsstätten, 10.2007 ersatzlos zurückgezogen

Teil 5 Innenraumbeleuchtung mit künstlichem Licht; Notbeleuchtung, 8.1999 ersetzt durch DIN EN 1838

Teil 6 Beleuchtung Messung und Bewertung

Teil 7 Innenraumbeleuchtung mit künstlichem Licht; Beleuchtung von Räumen mit Bildschirmarbeitsplätzen und mit Arbeitsplätzen mit Bildschirmunterstützung

Teil 8 Arbeitsplatzleuchten; Anforderungen, Empfehlungen und Prüfung

DIN 5036 Strahlungsphysikalische und lichttechnische Eigenschaften von Materialien

Beiblatt 1 Inhaltsverzeichnis und Stichwortverzeichnis

Teil 1 Begriffe, Kennzahlen

Teil 3 Meßverfahren für lichttechnische und spektrale strahlungsphysikalische Kennzahlen

Teil 4 Klasseneinteilung

DIN 5037 Lichttechnische Bewertung von Scheinwerfern

Beiblatt 1 Vereinfachte Nutzlichtbewertung für Film-, Fernseh- und Bühnenscheinwerfer mit rotationssymmetrischer Lichtstärkeverteilung

Beiblatt 2 Vereinfachte Nutzlichtbewertung für Film-, Fernseh- und Bühnenscheinwerfer mit zu einer oder zwei zueinander senkrechten Ebenen symmetrischer Lichtstärkeverteilung

DIN 5038 Regeln über objektive Photometrie (ungültig)

DIN 5039 Licht, Lampen, Leuchten - Begriffe, Einteilung

DIN 5040 Leuchten für Beleuchtungszwecke

Teil 1 Lichttechnische Merkmale und Einteilung

Teil 2 Innenleuchten; Begriffe, Einteilung

Teil 3 Außenleuchten, Begriffe, Einteilung

Teil 4 Beleuchtungsscheinwerfer; Begriffe und lichttechnische Bewertungsgrößen

DIN 5042 Verbrennungslampen und Gasleuchten

Teil 1 Einteilung, Begriffe

Teil 2 Keramische Mundstücke, Maße

Teil 3 Gasglühkörper, Maße

Teil 4 Gasglühkörper für die Straßenbeleuchtung; Anforderungen und Prüfungen

Teil 5 Zündbrenner, hängende Anordnung, Form A

Teil 6 Zündbrenner, stehende Anordnung

Teil 7 Festdüsen

Teil 8 Strahlrohre und Überwurfmuttern zur Luftregulierung

DIN 5043 Radioaktive Leuchtpigmente und Leuchtfarben

Teil 1 Meßbedingungen für die Leuchtdichte und Bezeichnung der Pigmente

Teil 2 Meßbedingungen für die Leuchtdichte und Bezeichnungen der Leuchtfarben

DIN 5044 Ortsfeste Verkehrsbeleuchtung; Beleuchtung von Straßen für den Kraftfahrzeugverkehr; Allgemeine Gütemerkmale und Richtwerte

DIN 5045 Meßgerät für DIN-Lautstärken; Richtlinien (ungültig)

DIN 5060 Packmittel - Verschluss des Tubenendes

DIN 5065 Packmittel - Verschlüsse aus Kunststoff für Metalltuben

DIN 5135 Stiele aus Holz für Fäustel bis 2 kg

DIN 5138 Beitelgriffe

DIN 5139 Stechbeitel

DIN 5145 Hobel

DIN 5146 Schrupphobel

DIN 5228 Flach-Schaber, ersetzt durch DIN 8350

DIN 5340 Begriffe der physiologischen Optik

DIN 5381 Kennfarben

DIN 5401 Wälzlagerteile, Kugeln

DIN 5402 Wälzlagerteile

    Blatt 1 Zylinderrollen

    Blatt 2 Walzen (zurückgezogen)

    Blatt 3 Nadelrollen

DIN 5412 Zylinderrollenlager

DIN 5419 Filzringe, Filzstreifen, Ringnuten für Wälzlagergehäuse

DIN 5425 Toleranzen für den Einbau von Wälzlagern

DIN 5450 Norm-Atmosphäre (ungültig)

DIN 5473 Logik und Mengenlehre; Zeichen und Begriffe

DIN 5474 Zeichen der mathematischen Logik

DIN 5475 Komplexe Größen

DIN 5477 Prozent, Promille

DIN 5478 Maßstäbe in graphischen Darstellungen

DIN 5480 Zahnwellen-Verbindungen mit Evolventenflanken

Teil 1 Grundbegriffe

Teil 2 Eingriffswinkel 30°, Übersicht

Teil 3 Eingriffswinkel 30°, Nennmaße, Messgrößen, Modul 0,5; 0,6; 0,75; 0,8 und 1, 5.2005 ersetzt durch DIN 5480-2:2005-06

Teil 4 Eingriffswinkel 30°, Nennmaße, Messgrößen, Modul 1,25, 5.2005 ersetzt durch DIN 5480-2:2005-06

Teil 5 Eingriffswinkel 30°, Nennmaße, Messgrößen, Modul 1,5, 5.2005 ersetzt durch DIN 5480-2:2005-06

Teil 6 Eingriffswinkel 30°, Nennmaße, Messgrößen, Modul 2, 5.2005 ersetzt durch DIN 5480-2:2005-06

Teil 7 Eingriffswinkel 30°, Nennmaße, Messgrößen, Modul 2,5, 5.2005 ersetzt durch DIN 5480-2:2005-06

Teil 8 Eingriffswinkel 30°, Nennmaße, Messgrößen, Modul 3,
5.2005 ersetzt durch DIN 5480-2:2005-06

Teil 9 Eingriffswinkel 30°, Nennmaße, Messgrößen, Modul 4,
5.2005 ersetzt durch DIN 5480-2:2005-06

Teil 10 Eingriffswinkel 30°, Nennmaße, Messgrößen, Modul 5,
5.2005 ersetzt durch DIN 5480-2:2005-06

Teil 11 Eingriffswinkel 30°, Nennmaße, Messgrößen, Modul 6,
5.2005 ersetzt durch DIN 5480-2:2005-06

Teil 12 Eingriffswinkel 30°, Nennmaße, Messgrößen, Modul 8,
5.2005 ersetzt durch DIN 5480-2:2005-06

Teil 13 Eingriffswinkel 30°, Nennmaße, Messgrößen, Modul
10, 5.2005 ersetzt durch DIN 5480-2:2005-06

Teil 14 Eingriffswinkel 30°, Flankenpassungen, Toleranzen,
5.2005 ersetzt durch DIN 5480-1:2005-06

Teil 15 Prüfung und Lehren bei Flankenzentrierung Modul
2,5

Teil 16 Eingriffswinkel 30°, Wälzfräser, Schneidräder, Räum-
werkzeuge

DIN 5481 Passverzahnungen mit Kerbflanken

DIN 5482 Zahnnabenprofile und Zahnwellenprofile mit Evolventenflanken

Teil 1 Maße, 2.1987 ersatzlos zurückgezogen

Teil 2 Profile für Abwälzfräser, 2.1987 ersatzlos zurückgezogen

Teil 3 Zahnlücken- und Zahndickenmessung mit Meßkugel oder Meßzylinder, 2.1987 ersatzlos zurückgezogen

DIN 5483 Zeitabhängige Größen

DIN 5485 Benennungsgrundsätze für physikalische Größen; Wortzusammensetzungen mit Eigenschafts- und Grundwörtern

DIN 5486 Schreibweise von Matrizen

DIN 5487 Fourier-Transformation

DIN 5488 Benennungen für zeitabhängige Vorgänge (Ausgabe Februar 1964, ungültig)

DIN 5489 Richtungssinn und Vorzeichen in der Elektrotechnik

DIN 5490 Gebrauch der Wörter bezogen, spezifisch, relativ, normiert und reduziert. (im Juli 2002 ersetzt durch DIN 5485)

DIN 5491 Stoffübertragung

DIN 5493 Logarithmische Größen und Einheiten

Teil 1 Allgemeine Grundlagen, Größen und Einheiten der Informationstheorie, 7.2004 ersetzt durch DIN IEC 60027-3

Teil 2 Logarithmierte Größenverhältnisse, Maße, Pegel in Neper und Dezibel

Teil 2 Beiblatt 1, Logarithmierte Größenverhältnisse, Pegel, Hinweiszeichen auf Bezugsgrößen und Meßbedingungen

DIN 5494 Größensysteme und Einheitensysteme (ungültig)

DIN 5496 Temperaturstrahlung von Volumenstrahlern

DIN 6000–6999

DIN 6063 Gewinde, vorzugsweise für Kunststoffbehältnisse

Teil 1 Sägengewinde, Maße

Teil 2 Trapezgewinde, Maße

DIN 6075 Packmittel - Flaschen

Teil 1 Vichyform 1

Teil 2 Vichyform 2

DIN 6080 Packmittel; Mehrweg-Weinflaschen; 0,75 l Burgunderform

DIN 6094

Teil 3 Packmittel - Mündung - Lochmundstücke

Teil 5 Produktabbildung - Packmittel - Mundstücke - Mundstücke für Sekt- und Schaumweinflaschen mit Kunststoff- und Korkstopfen sowie Kronenkorken

Teil 8 Packmittel - Mundstücke - Mit Außengewinde

Teil 10 Packmittel - Mundstücke für Weithals-Verpackungsgläser - Wulstrandmundstücke

Teil 12 Packmittel - Mundstücke für Flaschen - Schraubmundstücke 7,5 R für Flaschen mit Innendruck

Teil 13 Packmittel - Mundstücke - 2-Gang- und 3-Gang-Gewinde-Mundstücke

Teil 14 Produktabbildung - Packmittel - Mundstücke für Flaschen - Schraubmundstück 8 G für Flaschen mit Innendruck

DIN 6096 Packmittel - 0,75-l-Flasche für Sekt und Schaumwein

DIN 6099 Packmittel - Kronenkorken

DIN 6106 Verpackung - Glasbehältnisse - Seiten- und Bodennocken

DIN 6110 Packmittel - Mehrweggläser mit einem Nennvolumen von 212 ml, 425 ml, 580 ml, 720 ml

DIN 6111 Packmittel - Druckgaspackungen - Zur Mehrfachverwendung mit nicht zur Abtrennung vorgesehener Ausrüstung

DIN 6160 Anomaloskope zur Diagnose von Rot-Grün-Farbenfehlsichtigkeiten

DIN 6162 Bestimmung der Iodfarbzahl

DIN 6163 Farben und Farbgrenzen für Signallichter

Teil 1 Allgemeines

Teil 2 Ortsfeste Signallichter an See- und Binnenschiffahrtstraßen

Teil 3 Signallichter an Straßenfahrzeugen und Straßenbahnen

Teil 4 Signallichter der Eisenbahn

Teil 5 Ortsfeste Signallichter im öffentlichen Nahverkehr

Teil 6 Signallichter an Wasserfahrzeugen

DIN 6164 DIN-Farbenkarte

Beiblatt 50 Farbmaßzahlen für Normlichtart C

Teil 1 System der DIN-Farbenkarte für den 2°-Normalbeobachter

Teil 2 Festlegungen der Farbmuster

DIN 6167 Beschreibung der Vergilbung von nahezu weißen oder nahezu farblosen Materialien

DIN 6169 Farbwiedergabe

Teil 1 Allgemeine Begriffe

Teil 2 Farbwiedergabe-Eigenschaften von Lichtquellen in der Beleuchtungstechnik

Teil 4 Verfahren zur Kennzeichnung der Farbwiedergabe in der Farbphotographie

Teil 5 Verfahren zur Kennzeichnung der objektbezogenen Farbwiedergabe im Mehrfarbendruck

Teil 6 Verfahren zur Kennzeichnung der Farbwiedergabe in der Farbfernsehtechnik mit Bildaufnahmegeräten

Teil 7 Verfahren zur Kennzeichnung der Farbwiedergabe bei der Fernseh-Farbfilmabtastung

Teil 8 Verfahren zur Kennzeichnung der farbbildbezogenen Farbwiedergabe im Mehrfarbendruck

DIN 6170 Anaglyphenverfahren der Stereoskopie

Teil 1 Begriffe

DIN 6171 Aufsichtfarben für Verkehrszeichen und Verkehrseinrich-
tungen

Teil 1 Farbbereiche bei Beleuchtung mit Tageslicht

DIN 6172 Metamerie-Index von Probenpaaren bei Lichtartwechsel

DIN 6173 Farbabmusterung

Teil 1 Allgemeine Farbabmusterungsbedingungen

Teil 2 Beleuchtungsbedingungen für künstliches mittleres
Tageslicht

DIN 6174 Farbmetrische Bestimmung von Farbmaßzahlen und Farbabständen im angenähert gleichförmigen CIELAB-
Farbenraum

DIN 6175 Farbtoleranzen für Automobillackierungen

Teil 1 Unilackierungen

Teil 2 Effektlackierungen

DIN 6176 Farbmetrische Bestimmung von Farbabständen bei Körperfarben nach der DIN99-Formel

DIN 6198 Packmittel; Flaschen; Euroform 2

DIN 6199 Bierflasche Steinieform 0,33-l, 5.2004 ersatzlos zurückgezogen

DIN 6270 Verbrennungsmotoren für allgemeine Verwendung

Beiblatt 1 Umrechnungsfaktoren für Dauerleistung an der Betriebsstelle gegenüber Bezugszustand

Beiblatt 2 Umrechnungsfaktoren für den spezifischen Kraftstoffverbrauch an der Betriebsstelle gegenüber Bezugszustand

DIN 6280 Hubkolben-Verbrennungsmotoren - Stromerzeugungsaggregate mit Hubkolben-Verbrennungsmotoren

Teil 1 Allgemeine Begriffe

Teil 2 Leistungsauslegung und Leistungsschilder

Teil 3 Betriebsgrenzwerte für das Motor-, Generator- und Aggregatverhalten

Teil 4 Drehzahlregelung und Drehzahlverhalten der Hubkolben-Verbrennungsmotoren; Begriffe

Teil 5 Betriebsverhalten von Synchrongeneratoren für den Aggregatbetrieb

Teil 6 Betriebsverhalten von Asynchrongeneratoren für den Aggregatbetrieb

Teil 7 Schalt- und Steuereinrichtungen für den Aggregatbetrieb; Anforderungen

Teil 8 Betriebsverhalten im Aggregatbetrieb; Begriffe

Teil 9 Abnahmeprüfung

Teil 10 Stromerzeugungsaggregate kleiner Leistung; Anforderungen und Prüfung

DIN 6340 Scheiben für Spannzeuge

DIN 6481 Kistenraspel (Ersatz für Erfa 6481), Norm zurückgezogen

DIN 6650 Getränkeschankanlagen

Teil 1 Allgemeine Anforderungen

Teil 2 Werkstoffanforderungen

Teil 3 Sicherheitstechnische Anforderungen an Bau- und Anlagenteile

Teil 4 Hygieneanforderungen an Bau- und Anlagenteile

Teil 5 Prüfung

Teil 6 Anforderungen an Reinigung und Desinfektion

Teil 7 Hygienische Anforderungen an die errichtung von Getränkeschankanlagen

Teil 8 Anforderungen an leitungsgebundene Wasseranlagen

Teil 9 Anforderungen an freistehende Wasseranlagen

DIN 6700 Schweißen von Schienenfahrzeugen und Fahrzeugteilen (6 Teile), 1.2008 ersetzt durch DIN EN 15085-1...5

DIN 6771 Technische Zeichnungen

DIN 6773 Wärmebehandlung von Eisenwerkstoffen - Darstellung und Angaben wärmebehandelter Teile in Zeichnungen, 1.2010 ersetzt durch DIN ISO 15787

DIN 6775 Zeichenrohre für Tuschezeichengeräte (Micronorm - Prüfnorm für Tuschefüller und Schriftschablonen)

Teil 1 Maße, Kennzeichnung, 6.1990 ersetzt durch DIN ISO 9175-1

Teil 2 Anforderungen und Prüfung von Linienbreiten, 6.1990 ersetzt durch DIN ISO 9175-2

DIN 6776 Technische Zeichnungen, Beschriftung, 11.2000 ersetzt durch DIN EN ISO 3098

Teil 1 Schriftzeichen

Teil 1 Beiblatt 1, Hilfsnetze für Schrift A

Teil 1 Beiblatt 1, Hilfsnetze für Schrift B

DIN 6779 Kennzeichnungssystematik für technische Produkte

DIN 6789 Dokumentationssystematik

DIN 6796 Spannscheiben für Schraubenverbindungen

DIN 6797 Zahnscheiben, 5.2003 ohne Ersatz zurückgezogen

DIN 6798 Fächerscheiben, 5.2003 ohne Ersatz zurückgezogen

DIN 6799 Sicherungsscheiben (Haltescheiben) für Wellen

DIN 6800 Dosismessverfahren nach der Sondenmethode für Photonen- und Elektronenstrahlung

Teil 1 Allgemeines zur Dosimetrie von Photonen- und Elektronenstrahlung nach der Sondenmethode

Teil 2 Dosimetrie hochenergetischer Photonen- und Elektronenstrahlung mit Ionisationskammern

Teil 4 Filmdosimetrie

Teil 5 Thermolumineszenzdosimetrie

DIN 6812 Medizinische Röntgenanlagen bis 300 kV – Regeln für die Auslegung des baulichen Strahlenschutzes

DIN 6814 Begriffe der radiologischen Technik

    Teil 1 Anwendungsgebiete

    Teil 2 Strahlenphysik

    Teil 3 Dosisgrößen und Dosiseinheiten

    Teil 4 Radioaktivität

    Teil 5 Strahlenschutz

    Teil 6 Diagnostische Anwendung von Röntgenstrahlen in der Medizin

    Teil 8 Strahlentherapie

DIN 6827 Protokollierung bei der medizinischen Anwendung ionisierender Strahlung

    Teil 1 Therapie mit Elektronenbeschleunigern sowie Röntgen- und Gammabestrahlungseinrichtungen

    Teil 2 Diagnostik und Therapie mit offenen radioaktiven Stoffen

    Teil 3 Brachytherapie mit umschlossenen Strahlungsquellen

    Teil 5 Radiologischer Befundbericht

DIN 6830 Röntgenfilme zur Verwendung mit Fluoreszenz-Verstärkungsfolien in der medizinischen Diagnostik

Teil 1 Sensitometrische Darstellung der Fluoreszenzstrahlung von Calciumwolframat-Verstärkungsfolien

Teil 2 Bestimmung der Empfindlichkeit des mittleren Gradienten und des Schleiers

DIN 6853 Medizinische ferngesteuerte, automatisch betriebene Afterloading-Anlagen

Teil 2 Strahlenschutzregeln für die Errichtung

Teil 3 Anforderungen an die Strahlenquellen

Teil 5 Konstanzprüfung apparativer Qualitätsmerkmale

DIN 6855 Konstanzprüfung nuklearmedizinischer Messsysteme

DIN 6868 Sicherung der Bildqualität in röntgendiagnostischen Betrieben (Konstanzprüfung)

DIN 6873 Bestrahlungsplanungssysteme

Teil 5 Konstanzprüfungen von Qualitätsmerkmalen

DIN 6875 Spezielle Bestrahlungseinrichtungen

Teil 1 Perkutane stereotaktische Bestrahlung, Kennmerkmale und besondere Prüfmethoden

Teil 2 Perkutane stereotaktische Bestrahlung - Konstanzprüfungen

Teil 3 Fluenzmodulierte Strahlentherapie - Kennmerkmale, Prüfmethoden und Regeln für den klinischen Einsatz

Teil 4 Fluenzmodulierte Strahlentherapie - Konstanzprüfungen

DIN 6885 Mitnehmerverbindungen ohne Anzug, Passfedern, Nuten,

Teil 1 hohe Form

Teil 2 hohe Form für Werkzeugmaschinen, Abmessungen und Anwendung

Teil 3 niedrige Form, Abmessungen und Anwendung

DIN 6888 Mitnehmerverbindungen ohne Anzug; Scheibenfedern, Abmessungen und Anwendung (Ersatz für DIN 122, 304 und z. T. DIN LON 522)

DIN 6892 Mitnehmerverbindungen ohne Anzug, Passfedern, Berechnung und Gestaltung

DIN 6916 Scheiben, rund, für HV-Schrauben in Stahlkonstruktionen, 6.2005 ersetzt durch DIN EN 14399-6

DIN 7000–7999

DIN 7052 Zerlegung flüssiger Gemische durch Destillieren und Rektifizieren

DIN 7080 Runde Schauglasplatten aus Borosilicatglas für Druckbeanspruchung ohne Begrenzung im Tieftemperaturbereich

DIN 7081 Lange Schauglasplatten aus Borosilicatglas für Druckbeanspruchung ohne Begrenzung im Tieftemperaturbereich

DIN 7151 ISO-Grundtoleranzen für Längenmaße von 1 bis 500 mm Nennmaß, 11.1990 ersetzt durch DIN ISO 286-1

DIN 7154 Abmaße von Passungen im Passungssystem Einheitsbohrung (ø bis 500 mm)

DIN 7155 Abmaße von Passungen im System Einheitswelle (ø bis 500 mm)

DIN 7157 Passungsauswahl; Toleranzfelder, Abmaße, Paßtoleranzen

Beiblatt Passungsauswahl; Toleranzfelderauswahl nach ISO/R 1829

DIN 7160 Abmaße für Außenmaße (Wellen), 11.1990 ersetzt durch DIN ISO 286-2

DIN 7161 Abmaße für Innenmaße (Bohrungen), 11.1990 ersetzt durch DIN ISO 286-2

DIN 7168 Allgemeintoleranzen; Längen- und Winkelmaße, Form und Lage, Nicht für Neukonstruktionen, aktuelle Ausgabe 4.1991

DIN 7172 Abmaße von Passungen (ø über 500 mm bis 10.000 mm)

DIN 7182 Maße, Abmaße, Toleranzen und Passungen

Teil 1 Grundbegriffe, 12.1990 ersetzt durch DIN ISO 286-1

Teil 3 Preßverbände, Begriffe, 7.1988 ersetzt durch DIN 7190

DIN 7190 Preßverbände - Berechnungsgrundlagen und Gestaltungsregeln

DIN 7210 Weberzangen (ersetzt Erfa 7210, 7211, 7212; Norm zurückgezogen)

DIN 7239 Latthammer

DIN 7331 Hohlniete, zweiteilig

DIN 7332 Ösen für Segeltuche

DIN 7355 Serienhebezeuge; Stahlwinden

DIN 7405 Heftklammer 24/6 für Büro-Heftgeräte; Heftklammer,
Klammerstab

DIN 7245 Gestellsäge

DIN 7603 Dichtringe

DIN 7604 Verschlußschrauben mit Außensechskant; leichte Ausführung, zylindrisches Gewinde

DIN 7711 Hartgummi; Typen

DIN 7715 Gummiteile; Zulässige Maßabweichungen

Teil 1 Artikel aus Hartgummi

Teil 5 Platten und Plattenartikel aus Weichgummi (Elastomeren)

DIN 7716 Erzeugnisse aus Kautschuk und Gummi – Anforderungen an die Lagerung, Reinigung und Wartung

DIN 7756 Ventilgewinde

DIN 7867 Keilrippenriemen und -scheiben

DIN 7898 Geräte für Freisportanlagen und Hallen - Tischtennis

Teil 1 Maße, Anforderungen und Prüfverfahren für Tische, 3.2005 ersetzt durch DIN EN 14468-1

Teil 2 Tischtennistische, Netzgarnituren, Maße, Anforderungen, Prüfung, 6.2005 ersetzt durch DIN EN 14468-2

DIN 7901 Turn- und Gymnastikgeräte

Teil 1 Barren für Schulturnen

Teil 2 Barren für Wettkämpfe

DIN 7902 Turn- und Gymnastikgeräte; Turnpferde

DIN 7903 Turn- und Gymnastikgeräte; Reckeinrichtungen

Teil 1 Steckreck

Teil 2 Versenkreck

Teil 3 Stufenreck

Teil 4 Spannreck für Wettkämpfe

DIN 7904 Turn- und Gymnastikgeräte; Turnböcke, Maße, Anforderungen, Prüfung

DIN 7905 Turn- und Gymnastikgeräte; Ringeeinrichtungen

Teil 1 Schaukelringe mit Verstelleinrichtungen

DIN 7906 Turn- und Gymnastikgeräte; Schwebebalken

DIN 7908 Turn- und Gymnastikgeräte; Sprungkästen: Sicherheitstechnische Anforderungen und Prüfung

DIN 7909 Turn- und Gymnastikgeräte Turnbank

DIN 7910 Turn- und Gymnastikgeräte; Sprossenwände

DIN 7911 Turn- und Gymnastikgeräte, Klettereinrichtungen

Teil 1 Gitterleitern, Anforderungen und Prüfung

Teil 2 Klettertau-Einrichtungen

DIN 7912 Turn- und Gymnastikgeräte; Gymnastikgeräte

Teil 1 Gymnastikkeulen

Teil 2 Gymnastikreifen

DIN 7913 Turn- und Gymnastikgeräte; Verfahren zur Prüfung von Matten und Bodenturnflächen

Teil 1 Prüfung der Härte und Dämpfung

Teil 2 Prüfung der Rutschsicherheit

DIN 7914 Turn- und Gymnastikgeräte; Matten

Teil 1 Turnmatte (Aufsprungmatte)

Teil 2 Weichbodenmatten; Maße, Sicherheitstechnische Anforderungen und Prüfung

DIN 7915 Turn- und Gymnastikgeräte

Teil 1 Sprungbrett für Schulturnen

DIN 7916 Turn- und Gymnastikgeräte; Bodenturnflächen

Teil 1 Bodenturnmatte

DIN 7917 Turn- und Gymnastikgeräte; Umkleidebänke, Anforderungen, Prüfung

DIN 7918 Turn- und Gymnastikgeräte; Trampoline

Teil 1 Absprung-Trampolin, Anforderungen

Teil 2 5,20 m x 3,05 m, Maße, Anforderungen und Prüfung

DIN 7926 Kinderspielgeräte

Teil 1 Begriffe, Sicherheitstechnische Anforderungen, Prüfung

Teil 2 Schaukeln, Sicherheitstechnische Anforderungen, Prüfung

Teil 3 Rutschen, Sicherheitstechnische Anforderungen, Prüfung

Teil 4 Seilbahnen, Maße, Sicherheitstechnische Anforderungen, Prüfung

Teil 5 Karussels, Begriffe, Sicherheitstechnische Anforderungen, Prüfung

DIN 7954 Beschlagteile; Gerollte Scharniere

DIN 7971 Zylinder-Blechschrauben, mit Schlitz, 11.1995 ersetzt durch DIN ISO 1481

DIN 7978 Kegelstifte, mit Innengewinde, 10.1992 ersetzt durch DIN EN 28736

DIN 7984 Zylinderschrauben mit Innensechskant, niedriger Kopf

DIN 7985 Linsenschrauben mit Kreuzschlitz. 11.1994 ersetzt durch DIN EN ISO 7045

DIN 7989 Scheiben für Stahlkonstruktionen

Teil 1 Produktklasse C

Teil 2 Produktklasse A

DIN 7991 Senkschrauben mit Innensechskant, 3.1998 ersetzt durch DIN EN ISO 10642

DIN 7993 Runddraht-Sprengringe und Sprengringnuten, für Wellen und Bohrungen

DIN 8000–9999

DIN 8000 Bestimmungsgrößen und Fehler and Wälzfräsern für Stirnräder mit Evolventenverzahnung, Grundbegriffe

DIN 8164 Buchsenketten

DIN 8165 Förderketten mit Vollbolzen

Teil 1 Bauart FV, Einstrangkette, Zweistrangkette; Nicht für Neukonstruktionen

Teil 2 Bauart FV, Befestigungslaschen, Anschlußmaße; Nicht für Neukonstruktionen

Teil 3 Bauart FVT; Tragketten mit erhöhten Laschen; Nicht für Neukonstruktionen

DIN 8167 Förderketten mit Vollbolzen

Teil 1 ISO-Bauart M, Einstrangkette, Zweistrangkette

Teil 2 ISO-Bauart M, Befestigungslaschen, Anschlußmaße

Teil 3 ISO-Bauart MT; Tragketten mit erhöhten Laschen

DIN 8187 Rollenketten, Europäische Bauart

Teil 1 Einfach-, Zweifach-, Dreifach-Rollenketten

Teil 2 Einfach-Rollenketten mit Befestigungslaschen, Anschlussmaße

Teil 3 Einfach-Rollenketten mit verlängerten Bolzen, Anschlußmaße

DIN 8188 Rollenketten, Amerikanische Bauart

Teil 1 Einfach-, Zweifach- und Dreifach-Rollenketten

Teil 2 Einfach-Rollenketten mit Befestigungslaschen, Anschlussmaße

Teil 3 Einfach-Rollenketten mit verlängerten Bolzen, Anschlußmaße

DIN 8263 Lagersteine der Feinwerktechnik; Decksteine für Geräte, flach

DIN 8513 Hartlote, ersetzt durch DIN EN 1044

DIN 8516 Weichlote mit Flußmittelseelen auf Harzbasis; Zusammensetzung, Technische Lieferbedingungen, Prüfung, 11.1998 ersetzt durch DIN EN ISO 12224-1

DIN 8580 Fertigungsverfahren

DIN 8605 Werkzeugmaschinen; Drehmaschinen mit erhöhter Genauigkeit, Umlaufdurchmesser bis 500 mm, Drehlänge bis 1500 mm, Abnahmebedingungen

DIN 8606 Werkzeugmaschinen; Drehmaschinen mit normaler Genauigkeit, Umlaufdurchmesser bis 800 mm, Abnahmebedingungen

DIN 8607 Werkzeugmaschinen; Drehmaschinen mit normaler Genauigkeit, Umlaufdurchmesser über 800 bis 1600 mm, Abnahmebedingungen

DIN 8609 Werkzeugmaschinen; Senkrecht-Drehmaschinen, Abnahmebedingungen

Teil 1 Allgemeine Einführung

Teil 2 Einständer-Senkrecht-Drehmaschinen, Abnahmebedingungen

Teil 3 Zweiständer-Senkrecht-Drehmaschinen, Abnahmebedingungen

DIN 8610 Werkzeugmaschinen; Revolver-Drehmaschinen, handbedient, Abnahmebedingungen, ohne Ersatz zurückgezogen

DIN 8611 Werkzeugmaschinen; Waagerecht-Drehautomaten

Teil 1 einspindlig, Abnahmebedingungen

Teil 2 frontbedient, Abnahmebedingungen

Teil 3 Langdrehautomaten, Abnahmebedingungen

DIN 8615 Werkzeugmaschinen; Fräsmaschinen

Teil 1 mit waagerechter Spindel und in der Höhe verstellbarer Konsole, Abnahmebedingungen, ohne Ersatz zurückgezogen

Teil 2 mit senkrechter Spindel und in der Höhe verstellbarer Konsole, Abnahmebedingungen, ohne Ersatz zurückgezogen

Teil 3 mit waagerechter Spindel und festem Tisch, Abnahmebedingungen

Teil 4 mit senkrechter Spindel und festem Tisch, Abnahmebedingungen

DIN 8620 Werkzeugmaschinen; Waagerecht-Bohr-Fraesmaschinen mit Tisch und festem Staender,

Teil 3 Drehtische, Abnahmebedingungen

DIN 8625 Werkzeugmaschinen; Radialbohrmaschinen mit beweglichem Ausleger

Teil 1 Abnahmebedingungen

DIN 8626 Werkzeugmaschinen; Senkrecht-Bohrmaschinen

Teil 1 Ständerbohrmaschinen, Abnahmebedingungen

Teil 2 Säulenbohrmaschinen, Abnahmebedingungen

DIN 8630 Werkzeugmaschinen; Außen-Rundschleifmaschinen mit beweglichem Werkstücktisch; Abnahmebedingungen

DIN 8634 Werkzeugmaschinen; Spitzenlos-Außen-Rundschleifmaschinen; Abnahmebedingungen

DIN 8659 Werkzeugmaschinen; Schmierung von Werkzeugmaschinen

Teil 1 Schmieranleitungen

Teil 2 Schmierstoffauswahl für spanende Werkzeugmaschinen

DIN 8757 Mühlsteine, waagerecht laufend; Ausgabe 8.1948, Norm zurückgezogen

DIN 8782 Getränke-Abfülltechnik; Begriffe für Abfüllanlagen und einzelne Aggregate

DIN 8783 Getränke-Abfülltechnik; Untersuchungen an abfülltechnischen Anlagen

DIN 8784 Getränke-Abfülltechnik; Mindestangaben und auftragsbezogene Angaben

DIN 8806 Bandsägeblatt

DIN 8975 Kälteanlagen - Sicherheitstechnische Grundsätze für Gestaltung Ausrüstung und Aufstellung

Teil 1 Auslegung

DIN 8994 Pianomechanik; Abmessungen

DIN 9088 Luft- und Raumfahrt - Lagerzeiten von Erzeugnissen aus Elastomeren

DIN 9020 Masseaufteilung für Luftfahrzeuge schwerer als Luft

Teil 2 Massehauptgruppen und Massebegriffe

Teil 3 Gruppenmasse-Aufstellung

DIN 9300 Luft- und Raumfahrt; Begriffe, Größen und Formelzeichen der Flugmechanik

Teil 1 Bewegung des Luftfahrzeuges gegenüber der Luft

Teil 2 Bewegungen des Luftfahrzeugs und der Atmosphäre gegenüber der Erde

Teil 3 Derivative von Kräften, Momenten und ihren Beiwerten

Teil 5 Größen und Messungen

Teil 6 Geometrie des Luftfahrzeugs

Teil 7 Flugbetriebspunkte und Flugbereiche

DIN 10000–14999

DIN 10106 Mikrobiologische Untersuchung von Fleisch und Fleischerzeugnissen; Bestimmung von Enterococcus faecalis und Enterococcus faecium; Spatelverfahren (Referenzverfahren)

DIN 10122 Untersuchung von Lebensmitteln – Zählung von Mikroorganismen mittels Impedanzverfahren – Bestimmung der aeroben mesophilen Keimzahl

DIN 10960 Sensorische Untersuchungsgeräte - Prüfgläser für Wein

DIN 11850 Rohre für Lebensmittel, Chemie und Pharmazie - Rohre aus nichtrostenden Stählen - Maße, Werkstoffe

DIN 11851 Armaturen aus nichtrostendem Stahl für Lebensmittel und Chemie - Rohrverschraubungen zum Einwalzen und Stumpfschweißen

DIN 11852 Armaturen für Lebensmittel und Chemie - Formstücke aus nichtrostendem Stahl - T-Stücke, Bogen und Reduzierstücke zum Anschweißen

DIN 11864 Armaturen aus nichtrostendem Stahl für Aseptik, Chemie und Pharmazie

    Teil 1 Aseptik-Rohrverschraubung, Normalausführung

    Teil 2 Aseptik-Flanschverbindung, Normalausführung

    Teil 3 Aseptik-Klemmverbindung, Normalausführung

DIN 11865 Formstücke aus nichtrostendem Stahl für Aseptik, Chemie und Pharmazie

DIN 11866 Rohre aus nichtrostendem Stahl für Aseptik, Chemie und
    Pharmazie

DIN 12790 Laborgeräte aus Glas; Aräometer, Grundlagen für Bau und
    Justierung

DIN 12950 Laboreinrichtungen; Sicherheitswerkbänke für mikrobio-
    logische und biotechnologische Arbeiten;

    Teil 1 Sicherheitstechnische Anforderungen und Prüfung,
    10.1991 ersetzt durch DIN 12950-10

    Teil 2 Rückhaltevermögen von Sicherheitswerkbänken Klasse
    1 und Klasse 2, mikrobiologische Prüfung, 10.1991 ersetzt
    durch DIN 12950-10

    Teil 3 Produktschutz von Sicherheitswerkbänken Klasse 2;
    Mikrobiologische Prüfung (Entwurf), 3.1990 ersetzt durch
    DIN 12950-1

    Teil 4 Verschleppungsschutz in Sicherheitswerkbänken Klas-
    se 2; Mikrobiologische Prüfung (Entwurf), 3.1990 ersetzt
    durch DIN 12950-1

    Teil 10 Anforderungen, Prüfung, 9.2000 ersetzt durch DIN EN
    12469

DIN 13024 Krankentrage

    Teil 1 Mit starren Holmen; Maße, Anforderungen, Prüfung

    Teil 2 Mit klappbaren Holmen; Maße, Anforderungen, Prü-
    fung

DIN 13050 Rettungswesen – Begriffe

DIN 13061 Schienbeinschützer für Fußballspieler

DIN 13071 Rückhaltesysteme für Patienten im Krankenraum - Begriffe, Anforderungen, Prüfung, 2.2005 ersatzlos zurückgezogen

DIN 13080 Gliederung des Krankenhauses in Funktionsbereiche und Funktionsstellen

DIN 13155 Notfall-Sanitätskoffer

DIN 13157 Erste-Hilfe-Material - Verbandkasten C (Kleiner Betriebsverbandkasten)

DIN 13160 Erste-Hilfe-Material - Sanitätstaschen

DIN 13164 KFZ-Verbandkasten

DIN 13169 Erste-Hilfe-Material - Verbandkasten E (Großer Betriebsverbandkasten)

DIN 13182 Medizinische Instrumente - Gallenkanal-Klemmen nach Lahey und nach Gray

DIN 13232 Notfall-Ausrüstung

DIN 13233 Notfall-Arztkoffer für Säuglinge und Kleinkinder, 5.2011 ersetzt durch DIN 13232

DIN 13260 Versorgungsanlagen für Medizinische Gase

DIN 13304 Darstellung von Formelzeichen auf Einzeilendruckern und Datensichtgeräten (1996 zurückgezogen)

DIN 13312 Navigation - Begriffe, Abkürzungen, Formelzeichen, graphische Symbole

DIN 13320 Akustik; Spektren und Übertragungskurven; Begriffe, Darstellung

DIN 13317 Mechanik starrer Körper; Begriffe, Größen, Formelzeichen

DIN 13601 Diphtherie-Serum - Begriffe, Maßeinheit, Prüfung, Kennzeichnung (ungültig)

DIN 14034 Graphische Symbole für das Feuerwehrwesen

DIN 14035 Dachkennzeichnung für Feuerwehrfahrzeuge; Ausführung

DIN 14090 Flächen für die Feuerwehr

DIN 14095 Feuerwehrpläne für bauliche Anlagen

DIN 14096 Brandschutzordnung

DIN 14142 Erste-Hilfe-Material - Verbandkasten für Feuerwehrfahrzeuge

DIN 14210 Löschwasserteich

DIN 14220 Löschwasserbrunnen

DIN 14341 C-D-Übergangsstück PN 16 aus Aluminium-Legierung

DIN 14342 B-C-Übergangsstück PN 16 aus Aluminium-Legierung

DIN 14343 A-B-Übergangsstück PN 16 aus Aluminium-Legierung

DIN 14345 Verteiler C-DCD, B-CBC und BB-CBC, PN 16

DIN 14406 tragbare Feuerlöscher, 4.1992 ersetzt durch DIN EN 3

DIN 14462 Löschwassereinrichtungen - Planung und Einbau von Wandhydrantenanlagen und Löschwasserleitungen

DIN 14502 Feuerwehrfahrzeuge

DIN 14503 Feuerwehr-Anhänger, einachsig, 2003 ersetzt durch DIN 14521

DIN 14505 Wechsellader-Fahrzeuge

DIN 14507 Einsatzleitfahrzeuge

DIN 14520 Tragkraftspritzen-Anhänger (1992 zurückgezogen)

DIN 14521 Anhänger mit Schaum-/Wasserwerfer

DIN 14555 Rüst-und Gerätewagen

DIN 14565 Schlauchwagen, 2005 ersetzt durch DIN 14555-22

DIN 14610 Akustische Warneinrichtungen bei bevorrechtigten Wegbenutzern

DIN 14675 Brandmeldeanlagen

DIN 14677 Instandhaltung von elektrisch gesteuerten Feststellanlagen für Feuerschutz- und Rauchschutzabschlüsse

DIN 14701-2 Hubrettungsfahrzeuge; Drehleitern mit maschinellem Antrieb, 2006 ersetzt durch DIN EN 14043

DIN 14702 Drehleiter DL 16-4, mit Handantrieb

DIN 14703 Anhängeleitern, 2007 ersatzlos zurückgezogen

DIN 14710-1 Hakenleiter aus Holz mit abklappbarem Haken, 2001
   ersetzt durch DIN EN 1147

DIN 14711 Steckleiter, 2001 ersetzt durch DIN EN 1147

DIN 14713 Klappleiter, 2001 ersetzt durch DIN EN 1147

DIN 14714 zweiteilige Schiebleiter, 2001 ersetzt durch DIN EN 1147

DIN 14715 dreiteilige Schiebleiter, 2001 ersetzt durch DIN EN 1147

DIN 14924 Feuerwehrbeil mit Schutztasche

DIN 15000–17999

DIN 15001 Krane; Begriffe,

> Teil 1 Einteilung nach der Bauart

> Teil 2 Einteilung nach der Verwendung

DIN 15002 Hebezeuge; Lastaufnahmeeinrichtungen, Benennungen

DIN 15003 Hebezeuge; Lastaufnahmeeinrichtungen, Lasten und Kräfte, Begriffe

DIN 15012 Hebezeuge; Bildzeichen für Stellteile von Befehlseinrichtungen

DIN 15018 Krane; Grundsätze für Stahltragwerke

> Teil 1 Berechnung

> Teil 2 Grundsätze für die bauliche Durchbildung und Ausführung

> Teil 3 Berechnung von Fahrzeugkranen

DIN 15019 Krane; Standsicherheit

> Teil 1 Standsicherheit für alle Krane außer gleislosen Fahrzeugkranen und außer Schwimmkranen

> Teil 2 Standsicherheit für gleislose Fahrzeugkrane, Prüfbelastung und Berechnung

DIN 15020 Hebezeuge; Grundsätze für Seiltriebe

Teil 1 Berechnung und Ausführung

Teil 2 Überwachung im Gebrauch

DIN 15021 Hebezeuge; Tragfähigkeiten

DIN 15022 Krane; Hubhöhen, Arbeitsgeschwindigkeiten

DIN 15023 Krane; Drehkrane und Portalkrane mit Kragarm, Ausladungen

DIN 15024 Krane und Serienhebezeuge; Spurmittenmaße für Zweischienenkatzen

DIN 15025 Krane; Betätigungssinn und Anordnung von Stellteilen in Krankabinen

DIN 15026 Hebezeuge; Kennzeichnung von Gefahrstellen

DIN 15030 Hebezeuge; Abnahmeprüfung von Krananlagen, Grundsätze

DIN 15049 Krane mit Elektrozug oder ähnlichem Hubwerk; Laufräder mit Gleitlagern

DIN 15050 Krane mit Handantrieb; Laufräder mit Walzenlager

DIN 15053 Krane; Getriebe, Anschlußmaße, Umgrenzungsmaße, Abtriebsmomente

DIN 15055 Hütten- und Walzwerksanlagen und Krane; Drucköl-Preßverbände; Anwendung, Maße, Gestaltung

DIN 15057 Krane; Verschlußdeckel, Anschlußmaße

DIN 15058 Hebezeuge; Achshalter

DIN 15061 Krane; Rillenprofile

> Teil 1 Rillenprofile für Seilrollen

> Teil 2 Rillenprofile für Seiltrommeln

DIN 15062 Krane; Seilrollen

> Teil 1 Auswahlreihen und Zuordnung von Durchmessern und Gesamtbreitenmaßen

> Teil 2 Maße für Naben und Lagerungen

DIN 15063 Hebezeuge; Seilrollen, Technische Lieferbedingungen

DIN 15069 Hebezeuge; Anlaufscheiben

DIN 15070 Krane; Berechnungsgrundlagen für Laufräder

DIN 15071 Krane; Berechnung der Lagerbeanspruchungen der Laufräder

DIN 15072 Krane; Laufflächenprofile der Laufräder und Zuordnung der Kranschienen zum Laufrad-Durchmesser

DIN 15073 Krane; Laufräder, Übersicht

DIN 15074 Krane; Laufräder mit Spurkränzen, mit Gleitlagerung, ohne Zahnkranz

DIN 15075 Krane; Laufräder mit Spurkränzen, mit Gleitlagerung, mit Zahnkranz

DIN 15076 Krane; Laufräder mit Spurkränzen und Radreifen, mit Gleitlagerung, ohne Zahnkranz

DIN 15077 Krane; Laufräder mit Spurkränzen und Radreifen, mit Gleitlagerung, mit Zahnkranz

DIN 15078 Krane; Laufräder mit Spurkränzen, mit Wälzlagerung, ohne Zahnkranz

DIN 15079 Krane; Laufräder mit Spurkränzen, mit Wälzlagerung, mit Zahnkranz

DIN 15080 Krane; Laufräder mit Spurkränzen und Radreifen, mit Wälzlagerung, ohne Zahnkranz

DIN 15081 Krane; Laufräder mit Spurkränzen und Radreifen, mit Wälzlagerung, mit Zahnkranz

DIN 15082 Krane; Laufräder

Teil 1 Anflanschbare Zahnkränze

Teil 2 Laufräder mit Wälzlagerung, Aufgepreßte Zahnkränze

DIN 15083 Krane; Laufräder, Bearbeitete Radreifen

DIN 15084 Krane; Laufräder mit Wälzlagerung, Verschlußdeckel

DIN 15085 Hebezeuge; Laufräder, Technische Lieferbedingungen

DIN 15086 Krane; Laufräder mit Wälzlagerung, Abflachung der Innenbuchsen

DIN 15090 Krane; Treib- und Mitlaufsätze; Zusammenstellung

DIN 15091 Krane; Treib- und Mitlaufsätze; Laufradwellen

DIN 15092 Krane; Treib- und Mitlaufsätze; Verschlußdeckel

DIN 15093 Krane; Treib- und Mitlaufsätze; Laufräder

DIN 15094 Krane; Treib- und Mitlaufsätze; Korblagerringe

DIN 15095 Krane; Treib- und Mitlaufsätze; Sicherungsscheiben, Buchsen, Nippel

DIN 15100 Serienhebezeuge; Benennungen

DIN 15105 Lasthaken für Hebezeuge; Bundhaken

DIN 15106 Lasthaken für Hebezeuge; Hakenmaulsicherung für Einfachhaken

DIN 15112 Federzüge; Sicherheitstechnische Anforderungen und Prüfung

DIN 15146 Vierwege-Flachpaletten aus Holz

Teil 4 800 mm × 600 mm

DIN 15185 Lagersysteme mit leitliniengeführten Flurförderzeugen

Teil 1: Anforderungen an Boden, Regal und sonstige Anforderungen

Teil 2: Personenschutz beim Einsatz von Flurförderzeugen in Schmalgängen; Sicherheitstechnische Anforderungen, Prüfung

DIN 15315 Seilschloß, 9.2006 ersetzt durch DIN EN 13411-7

DIN 15400 Lasthaken für Hebezeuge; Mechanische Eigenschaften, Werkstoffe, Tragfähigkeiten und vorhandene Spannungen

DIN 15401 Lasthaken für Hebezeuge; Einfachhaken

Teil 1 Rohteile

Teil 2 Fertigteile mit Gewindeschaft

DIN 15402 Lasthaken für Hebezeuge; Doppelhaken

Teil 1 Rohteile

Teil 2 Fertigteile mit Gewindeschaft

DIN 15403 Lasthaken für Hebezeuge; Rundgewinde

DIN 15404 Lasthaken für Hebezeuge; Technische Lieferbedingungen für Lasthaken

Teil 1 Technische Lieferbedingungen für geschmiedete Lasthaken

Teil 2 Technische Lieferbedingungen für Lamellenhaken

DIN 15405 Lasthaken für Hebezeuge; Überwachung im Gebrauch von Lasthaken

Teil 1 Lasthaken für Hebezeuge; Überwachung im Gebrauch von geschmiedeten Lasthaken

Teil 2 Lasthaken für Hebezeuge; Überwachung im Gebrauch von Lamellenhaken

DIN 15406 Lasthaken für Hebezeuge; Anreißen freiformgeschmiedeter Lasthaken

DIN 15407 Lasthaken für Krane; Lamellen-Einfachhaken für Roheisen- und Stahlgießpfannen

Teil 1 Zusammenstellung, Hauptmaße

Teil 2 Einzelteile

DIN 15408 Krane; Zweirollige Unterflaschen; Zusammenstellung

DIN 15409 Krane; Vierrollige Unterflaschen; Zusammenstellung

DIN 15410 Serienhebezeuge; Unterflaschen für Elektrozüge, einrollig und zweirollig; Zusammenstellung

DIN 15411 Hebezeuge; Lasthaken-Aufhängungen für Unterflaschen

DIN 15412 Unterflaschen für Hebezeuge; Traversen

    Teil 1 Rohteile

    Teil 2 Fertigteile

DIN 15413 Unterflaschen für Hebezeuge; Lasthakenmuttern

DIN 15414 Unterflaschen für Hebezeuge; Sicherungsstücke

DIN 15417 Krane; Unterflaschen; Seilrollen der Form D mit Gleitlagerung

DIN 15418 Krane; Unterflaschen; Seilrollen der Form C mit Rillenkugellagern ohne Innenbuchse

    Teil 1 Seilrollen der Form C mit Rillenkugellagern ohne Innenbuchse

    Teil 2 Abstandbuchsen für Seilrollen der Form C mit Rillenkugellager ohne Innenbuchse

    Teil 3 Verschlußdeckel für Seilrollen der Form C mit Rillenkugellager ohne Innenbuchse

DIN 15421 Krane; Unterflaschen; Seilrollen der Form B mit Rillenkugellagern und Innenbuchse

Teil 1 Seilrollen der Form B mit Rillenkugellagern und Innenbuchse

Teil 2 Innenbuchsen und Abstandbuchsen für Seilrollen der Form B mit Rillenkugellagern und Innenbuchse

Teil 3 Verschlußdeckel für Seilrollen der Form B mit Rillenkugellagern und Innenbuchse

DIN 15422 Krane; Unterflaschen; Seilrollen der Form A mit Zylinderrollenlagern und Innenbuchsen

Teil 1 Seilrollen der Form A mit Zylinderrollenlagern und Innenbuchsen

Teil 2 Innenbuchsen und Abstandbuchsen für Seilrollen der Form A mit Zylinderrollenlagern und Innenbuchse

Teil 3 Verschlußdeckel für Seilrollen der Form A mit Zylinderrollenlagern und Innenbuchse

DIN 15428 Hebezeuge; Lastaufnahmeeinrichtungen, Technische Lieferbedingungen

DIN 15429 Hebezeuge; Lastaufnahmeeinrichtungen, Überwachung im Gebrauch

DIN 15450 Krane; Berechnung von Gelenkwellen zum Antrieb von Laufsätzen

DIN 15451 Krane; Gelenkwellen

Teil 1 Anschlußmaße

Teil 2 Flanschverbindungen

DIN 15452 Krane; Anschlußflansche für Gelenkwellen

DIN 15453 Krane; Gelenkwellen, Hinweise für Einbau, Wartung, Transport und Lagerung

DIN 15460 Krankörbe für Baumaterialien; Sicherheitstechnische Anforderungen

DIN 15551 Sicherheitsfilm bis 35 mm (früher DIN KIN 51)

DIN 15560 Scheinwerfer für Film, Fernsehen, Bühne und Photographie

Teil 1 Beleuchtungsgeräte (vorzugsweise Scheinwerfer) für Glühlampen von 0,25 kW bis 20 kW und Halogen-Metalldampflampen von 0,125 kW bis 18 kW; Optische Systeme, Ausrüstung

Teil 2 Stufenlinsen (Fresnellinsen)

Teil 6 Graphische Symbole für Studioleuchten, Studioscheinwerfer, Bühnenleuchten und Bühnenscheinwerfer auf Beleuchtungsplänen und Beleuchtungsschablone

Teil 24 Scheinwerfer- und Leuchtenbefestigungselemente, Scheinwerfergrundplatte, -rohrschelle und -zapfen, Leuchtenhülse für Photoleuchten und Reportageleuchten

Teil 25 Verbindungselemente und Übergangsstücke

Teil 26 Befestigungsstellen für Scheinwerfer

Teil 27 Handbetriebene Stative, sicherheitstechnische Anforderungen und Prüfung

Teil 38 Einschiebevorrichtungen, Farbscheiben, Farbfolien, Farbscheibenrahmen, Farbfolienrahmen

Teil 40 Farbfilter für Bühnen- und Studioscheinwerfer; Farbmetrische Kennwerte

Teil 45 Tragkonstruktionen, bewegliche Leuchtenhänger und Bauelemente; Begriffe

Teil 46 Bewegliche Leuchtenhänger - Konstruktive und sicherheitstechnische Anforderungen

Teil 47 Sicherheitstechnische Festlegungen für Grid-Decken

Teil 100 Sondernetze und Sondersteckverbinder 250/400 V

Teil 104 Tageslichtscheinwerfersysteme bis 4000 W Bemessungsleistung und dazugehörige Sondersteckverbinder

DIN 15563 Sondersteckdosen für Film- und Fernsehstudios

Teil 3 Einpolige Sondersteckdosen ohne Schutzleiter für Außen- und Neutralleiter, ~400/230 V 315 A

Teil 4 Einpolige Sondersteckdosen für den Schutzleiter

DIN 15564 Sonderstecker für Film- und Fernsehstudios

Teil 3 Einpolige Sonderstecker ohne Schutzleiter für Außen- und Neutralleiter, ~400/230 V 315 A

Teil 4 Einpolige Sonderstecker für den Schutzleiter

DIN 15905 Tontechnik in Theatern und Mehrzweckhallen

Teil 1 Anforderungen bei Eigen-, Co- und Fremdproduktionen

Teil 2 Leitungen für tontechnische und videotechnische Nutzung; Anforderungen

DIN 15905 Veranstaltungstechnik-Tontechnik

Teil 5 Maßnahmen zum Vermeiden einer Gehörgefährdung des Publikums durch hohe Schallemissionen elektroakustischer Beschallungstechnik

DIN 15906 Tagungsstätten

DIN 16271 Absperrventile PN 250 und PN 400 mit Prüfanschluss für Druckmessgeräte (Manometerventile)

DIN 16511 Korrekturzeichen

DIN 16514 Drucktechnik; Begriffe für den Hochdruck

DIN 16518 Klassifikation von Schriften nach Gattungen und Kategorien

DIN 16519 Prüfung von Drucken und Druckfarben

Teil 2 Herstellung von Norm-Druckproben für optische Messungen

DIN 16521 Drucktechnik; Linien in der Satzherstellung; Maße

DIN 16536 Prüfung von Drucken und Druckfarben der Drucktechnik - Farbdichtemessung an Drucken

Teil 1 Begriffe und Durchführung der Messung

DIN 16547 Rasterwinkelungen bei der Farben-Rasterreproduktion

DIN 16549 Drucktechnik - Druckvorstufe

Teil 1 Korrekturzeichen für Bild und ergänzende Angaben

DIN 16552 Lineaturen für Handschrift

Teil 1 Allgemeine Lineaturen

DIN 16831 Rohrverbindungen und Rohrleitungsteile für Druckrohrleitungen aus Polybuten (PB)

Teil 1 Winkel aus Spritzguß für Muffenschweißung, Maße

Teil 2 T-Stücke aus Spritzguß für Muffenschweißung

Teil 3 Muffen und Kappen aus Spritzguß für Muffenschweißung, Maße

Teil 4 Reduzierstücke aus Spritzguß für Muffenschweißung, Maße

Teil 5 Allgemeine Qualitätsanforderungen, Prüfung

Teil 6 Heizwendel-Schweißfittings, Maße

Teil 7 Bunde, Flansche, Dichtungen aus Spritzguß für Muffenschweißung, Maße

DIN 16892 Rohre aus vernetztem Polyethylen hoher Dichte (PE-X) - Allgemeine Güteanforderungen, Prüfung

DIN 16901 Kunststoff-Formteile; Toleranzen und Abnahmebedingungen für Längenmaße, 11.2009 ersatzlos zurückgezogen

DIN 17007 Werkstoffnummern

Teil 4 Systematik der Hauptgruppen 2 und 3: Nichteisenmetalle

DIN 17014 Wärmebehandlung (Härten) von Metallen

 Beiblatt 2 Fremdsprachige Übersetzung von Fachausdrücken, 2.2008 ersatzlos zurückgezogen

 Teil 3 Kurzangabe von Wärmebehandlungen

DIN 17103 Schmiedestücke aus schweißgeeigneten Feinkornbaustählen - Technische Lieferbedingungen, 10.1998 ersetzt durch DIN EN 10222-1

DIN 17175 Nahtlose Rohre aus warmfesten Stählen, Technische Lieferbedingungen, ersetzt durch DIN EN 10216-2

DIN 17221 Warmgewalzte Stähle für vergütbare Federn; 4.2003 ersetzt durch DIN EN 10089

DIN 17222 Kaltgewalzte Stahlbänder für Federn; 5.2000 ersetzt durch DIN EN 10132-1 und DIN EN 10132-4

DIN 17223 Runder Federstahldraht

 Teil 1 Patentiert-gezogener Federdraht aus unlegierten Stählen; 12.2001 ersetzt durch DIN EN 10270-1

 Teil 2 Ölschlussvergüteter Federstahldraht aus unlegierten und legierten Stählen; 12.2001 ersetzt durch DIN EN 10270-2

DIN 17224 Federdraht und Federband aus nichtrostenden Stählen; 2.2003 ersetzt durch DIN EN 10151 und DIN EN 10270-3

DIN 17280 Kaltzähe Stähle - Technische Lieferbedingungen für Blech, Band, Breitflachstahl, Formstahl, Stabstahl und Schmiedestücke, 12.1999 ersetzt durch DIN EN 10028, DIN EN 10223 und DIN EN 10269

DIN 17410 Dauermagnetwerkstoffe, 2.2001 ersetzt durch DIN IEC 60404-8-1

DIN 17440 Nichtrostende Stähle, 9.2005 ersetzt durch DIN EN 10088-3

DIN 17455 Geschweißte kreisförmige Rohre aus nichtrostenden Stählen für allgemeine Anforderungen, 12.2002 ersetzt durch DIN EN 10296-2 und DIN EN 10312

DIN 17456 Nahtlose kreisförmige Rohre aus nichtrostenden Stählen für allgem Anforderungen, 2.2006 ersetzt durch DIN EN 10297-2

DIN 17457 Geschweißte kreisförmige Rohre aus austenitischen nichtrostenden Stählen für besondere Anforderungen, 5.2005 ersetzt durch DIN EN 10217-7

DIN 17471 Widerstandswerkstoffe

DIN 17740 Nickel in Halbzeug

DIN 18000–18999

DIN 18000 Modulordnung im Bauwesen

DIN 18004 Anwendungen von Bauprodukten in Bauwerken - Prüfverfahren für Gesteinskörnungen nach DIN V 20000-103 und DIN V 20000-104 (Vornorm)

DIN 18005 Schallschutz im Städtebau

Teil 1 Grundlagen und Hinweise für die Planung

Teil 1 Beiblatt 1 Berechnungsverfahren; Schalltechnische Orientierungswerte für die städtebauliche Planung

Teil 2 Lärmkarten; Kartenmäßige Darstellung von Schallimmissionen

DIN 18007 Abbrucharbeiten - Begriffe, Verfahren, Anwendungsbereiche

DIN 18008 Glas im Bauwesen - Bemessungs- und Konstruktionsregeln

Teil 1 Begriffe und allgemeine Grundlagen (Entwurf)

Teil 2 Linienförmig gelagerte Verglasungen (Entwurf)

DIN 18011 Stellflächen, Abstände und Bewegungsflächen im Wohnungsbau, 1.1991 ersatzlos zurückgezogen

DIN 18012 Hausanschlusseinrichtungen in Gebäuden – Raum- und Flächenbedarf – Planungsgrundlagen

DIN 18013 Nischen für Zählerplätze (Elektrizitätszähler)

DIN 18014 Fundamenterder

DIN 18015 Elektrische Anlagen in Wohngebäuden

DIN 18017 Lüftung von Bädern und Toilettenräumen ohne Außenfenster

 Teil 1 Einzelschachtanlagen ohne Ventilatoren

 Teil 3 mit Ventilator

DIN 18022 Küchen, Bäder und WCs im Wohnungsbau, Planungsgrundlagen, 2007 ohne Ersatz zurückgezogen

DIN 18024 Barrierefreies Bauen

 Teil 1 Straßen, Plätze, Wege, öffentliche Verkehrs- und Grünanlagen sowie Spielplätze; Planungsgrundlagen

 Teil 2 Öffentlich zugängige Gebäude und Arbeitsstätten, Planungsgrundlagen; 2010 durch DIN 18040-1 ersetzt

DIN 18025 Barrierefreie Wohnungen

 Teil 1 Wohnungen für Rollstuhlbenutzer; Planungsgrundlagen

 Teil 2 Planungsgrundlagen

DIN 18032 Sporthallen - Hallen für Turnen, Spiele und Mehrzwecknutzung

 Teil 1 Grundsätze für die Planung

 Teil 2 Sportböden; Anforderungen, Prüfungen (Vornorm)

Teil 3 Prüfung der Ballwurfsicherheit

Teil 4 Doppelschalige Trennvorhänge

Teil 5 Ausziehbare Tribünen

Teil 6 Bauliche Maßnahmen für Einbau und Verankerung von Sportgeräten

DIN 18034 Spielplätze und Freiräume zum Spielen - Anforderungen und Hinweise für die Planung und den Betrieb

DIN 18035 Sportplätze

Teil 1 Freianlagen für Spiele und Leichtathletik, Planung und Maße

Teil 2 Bewässerung

Teil 3 Entwässerung

Teil 4 Rasenflächen

Teil 5 Tennenflächen

Teil 6 Kunststoffflächen

Teil 7 Kunststoffrasenflächen

Teil 8 Leichtathletikanlagen

DIN 18040 Barrierefreies Bauen - Planungsgrundlagen

Teil 1 Öffentlich zugängliche Gebäude

Teil 2 Wohnungen

DIN 18065 Gebäudetreppen - Definitionen, Maßregeln, Hauptmaße

DIN 18095 Rauchschutztüren

    Teil 1 Begriffe und Anforderungen

    Teil 2 Bauartprüfung der Dauerfunktionstüchtigkeit und Dichtheit

    Teil 3 Anwendung von Prüfergebnissen

DIN 18100 Türen; Wandöffnungen für Türen; Maße entsprechend DIN 4172

DIN 18104 Mechanische Sicherheitseinrichtungen - Einbruchhemmende Nachrüstprodukte für Fenster und Türen

DIN 18195 Bauwerksabdichtungen

    Teil 1 Grundsätze, Definitionen, Zuordnung der Abdichtungsarten

    Teil 2 Stoffe

    Teil 3 Anforderungen an den Untergrund und Verarbeitung der Stoffe

    Teil 4 Abdichtungen gegen Bodenfeuchte und nichtstauendes Sickerwasser an Bodenplatten und Wänden, Bemessung und Ausführung

    Teil 5 Abdichtungen gegen nichtdrückendes Wasser auf Deckenflächen und in Nassräumen; Bemessung und Ausführung

    Teil 6 Abdichtungen gegen von außen drückendes Wasser und aufstauendes Sickerwasser; Bemessung und Ausführung

Teil 7 Abdichtungen gegen von innen drückendes Wasser; Bemessung und Ausführung

Teil 8 Abdichtungen über Bewegungsfugen

Teil 9 Durchdringungen, Übergänge, An- und Abschlüsse

Teil 10 Schutzschichten und Schutzmaßnahmen

Teil 100 Vorgesehene Änderungen zu den Normen DIN 18195 Teil 1 bis 6 (Entwurf)

Teil 101 Vorgesehene Änderungen zu den Normen DIN 18195-2 bis DIN 18195-5 (Entwurf)

DIN 18196 Erd- und Grundbau - Bodenklassifikation für bautechnische Zwecke

DIN 18201 Toleranzen im Hochbau, Begriffe, Grundsätze, Anwendung, Prüfung

DIN 18202 Toleranzen im Hochbau - Bauwerke

DIN 18203 Toleranzen im Hochbau

Teil 1 Vorgefertigte Teile aus Beton, Stahlbeton und Spannbeton

Teil 2 Vorgefertigte Teile aus Stahl

Teil 3 Bauteile aus Holz und Holzwerkstoffen

DIN 18205 Bedarfsplanung im Bauwesen

DIN 18232 Rauch- und Wärmefreihaltung (u.A. RWA)

Teil 1 Begriffe, Aufgabenstellung

Teil 2 Natürliche Rauchabzugsanlagen (NRA); Bemessung, Anforderungen und Einbau

Teil 4 Wärmeabzüge (WA); Prüfverfahren

Teil 5 Maschinelle Rauchabzugsanlagen (MRA); Anforderungen, Bemessung

Teil 6 Anforderungen an die Einzelbauteile und Eignungsnachweise (Vornorm)

Teil 7 Wärmeabzüge aus schmelzbaren Stoffen - Bewertungsverfahren und Einbau (Entwurf)

DIN 18234 Baulicher Brandschutz im Industriebau

DIN 18251 Schlösser – Einsteckschlösser

DIN 18252 Profilzylinder für Türschlösser

DIN 18257 Baubeschläge – Schutzbeschläge – Begriffe, Maße, Anforderungen, Kennzeichnung

DIN 18273 Baubeschläge - Türdrückergarnituren für Feuerschutztüren und Rauchschutztüren - Begriffe, Maße, Anforderungen und Prüfungen

DIN 18299–18459 VOB Vergabe- und Vertragsordnung für Bauleistungen – Teil C: Allgemeine Technische Vertragsbedingungen für Bauleistungen (ATV)

DIN 18299 Allgemeine Regelungen für Bauarbeiten jeder Art

DIN 18300 Erdarbeiten

DIN 18301 Bohrarbeiten

DIN 18302 Arbeiten zum Ausbau von Bohrungen (ehemals: Brunnenbauarbeiten)

DIN 18303 Verbauarbeiten

DIN 18304 Ramm-, Rüttel- und Pressarbeiten (ehemals: Rammarbeiten)

DIN 18305 Wasserhaltungsarbeiten

DIN 18306 Entwässerungskanalarbeiten

DIN 18307 Druckrohrleitungsarbeiten außerhalb von Gebäuden (ehemals: Druckrohrleitungsarbeiten im Erdreich)

DIN 18308 Dränarbeiten

DIN 18309 Einpreßarbeiten

DIN 18310 Sicherungsarbeiten an Gewässern, Deichen und Küstendünen

DIN 18311 Naßbaggerarbeiten

DIN 18312 Untertagebauarbeiten

DIN 18313 Schlitzwandarbeiten mit stützenden Flüssigkeiten

DIN 18314 Spritzbetonarbeiten

DIN 18315 Verkehrswegebauarbeiten - Oberbauschichten ohne Bindemittel

DIN 18316 Verkehrswegebauarbeiten - Oberbauschichten mit hydraulischen Bindemitteln

DIN 18317 Verkehrswegebauarbeiten - Oberbauschichten aus Asphalt

DIN 18318 Verkehrswegebauarbeiten - Pflasterdecken und Plattenbeläge in ungebundener Ausführung, Einfassungen

DIN 18319 Rohrvortriebsarbeiten

DIN 18320 Landschaftsbauarbeiten

DIN 18321 Düsenstrahlarbeiten

DIN 18322 Kabelleitungstiefbauarbeiten

DIN 18325 Gleisbauarbeiten

DIN 18330 Mauerarbeiten

DIN 18331 Beton- und Stahlbetonarbeiten

DIN 18332 Naturwerksteinarbeiten

DIN 18333 Betonwerksteinarbeiten

DIN 18334 Zimmer- und Holzbauarbeiten

DIN 18335 Stahlbauarbeiten

DIN 18336 Abdichtungsarbeiten

DIN 18338 Dachdeckungs- und Dachabdichtungsarbeiten

DIN 18339 Klempnerarbeiten

DIN 18340 Trockenbauarbeiten

DIN 18345 Wärmedämm-Verbundsysteme

DIN 18349 Betonerhaltungsarbeiten

DIN 18350 Putz- und Stuckarbeiten

DIN 18351 Vorgehängte hinterlüftete Fassaden

DIN 18352 Fliesen- und Plattenarbeiten

DIN 18353 Estricharbeiten

DIN 18354 Gußasphaltarbeiten

DIN 18355 Tischlerarbeiten

DIN 18356 Parkettarbeiten

DIN 18357 Beschlagarbeiten

DIN 18358 Rollladenarbeiten

DIN 18360 Metallbauarbeiten

DIN 18361 Verglasungsarbeiten

DIN 18363 Maler- und Lackiererarbeiten - Beschichtungen

DIN 18364 Korrosionsschutzarbeiten an Stahl- und Aluminiumbauten

DIN 18365 Bodenbelagsarbeiten

DIN 18366 Tapezierarbeiten

DIN 18367 Holzpflasterarbeiten

DIN 18379 Raumlufttechnische Anlagen

DIN 18380 Heizanlagen und zentrale Wassererwärmungsanlagen

DIN 18381 Gas-, Wasser- und Entwässerungsanlagen innerhalb von
Gebäuden

DIN 18382 Nieder- und Mittelspannungsanlagen mit Nennspannun-
gen bis 36 kV

DIN 18384 Blitzschutzanlagen

DIN 18385 Förderanlagen, Aufzugsanlagen, Fahrtreppen und Fahr-
steige

DIN 18386 Gebäudeautomation

DIN 18421 Dämmarbeiten an technischen Anlagen

DIN 18451 Gerüstarbeiten

DIN 18459 Abbruch- und Rückbauarbeiten

DIN 18500 Betonwerkstein

DIN 18501 Pflastersteine aus Beton

DIN 18502 Pflastersteine Naturstein

DIN 18503 Pflasterklinker

DIN 18515 Außenwandbekleidungen

    Teil 1 Angemörtelte Fliesen oder Platten - Grundsätze für Planung und Ausführung

    Teil 2 Anmauerung auf Aufstandsflächen - Grundsätze für Planung und Ausführung

DIN 18516 Außenwandbekleidungen, hinterlüftet

    Teil 1 Anforderungen, Prüfgrundsätze

    Teil 3 Naturwerkstein, Anforderungen, Bemessungen

    Teil 4 Einscheiben-Sicherheitsglas - Anforderungen, Bemessung, Prüfung

    Teil 5 Betonwerkstein - Anforderungen, Bemessung

DIN 18550 Putz und Putzsysteme - Ausführung (Vornorm)

DIN 18558 Kunstharzputze; Begriffe, Anforderungen, Ausführung

DIN 18560 Estriche im Bauwesen

    Teil 1 Allgemeine Anforderungen, Prüfung und Ausführung

    Teil 2 Estriche und Heizestriche auf Dämmschichten (schwimmende Estriche)

    Teil 3 Verbundestriche

Teil 4 Estriche auf Trennschicht

Teil 7 Hochbeanspruchbare Estriche (Industrieestriche)

DIN V 18599 Energetische Bewertung von Gebäuden - Berechnung des Nutz-, End- und Prijmärenergiebedarfs für Heizung, Kühlung, Lüftung, Trinkwasser und Beleuchtung (Vornorm auf Grundlage der 2002/91/EG und des EeG und Nachfolgend der EnEV)

Teil 1 Allgemeine Bilanzverfahren, Begriffe, Zonierung und Bewertung der Energieträger

Teil 2 Nutzenergiebedarf für Heizen und Kühlen von Gebäudezonen

Tail 3 Nutzenergiebedarf für die energetische Luftaufbereitung

Teil 4 Nutz- und Endenergiebedarf für Beleuchtung

Teil 5 Endenergiebedarf von Heizsystemen

Teil 6 Endenergiebedarf von Wohnungslüftungsanlagen und Luftheizungsanlagen für den Wohnungsbau

Teil 7 Endenergiebedarf von Rauml,ufttechnik- und Klimakältesystemen für den Wohnungsbau

Teil 8 Nutz- und Endenergiebedarf von Warmwasserbereitungssystemen

Teil 9 End- und Primärenergiebedarf von Kraft-Wärme-Kopplungsanlagen

Teil 10 Nutzungsrandbedingungen, Klimadaten

Teil 100 Änderungen zu DIN V 18599-1 bis DIN V 18599-10 (Sollen in einer Neufassung der DIN 18599-1 bis 18599-10 Ende 2011 dort einfließen und sind nur teilweise Bestandteil der energetischen Bewertung von Gebäuden nach EnEV)

DIN 18650 Schlösser und Baubeschläge - Automatische Türsysteme

Teil 1 Produktanforderungen und Prüfverfahren

Teil 2 Sicherheit an automatischen Türsystemen

DIN 18702 Zeichen für Vermessungsrisse, großmaßstäbige Karten und Pläne

DIN 18710 Ingenieurvermessung

Teil 1 Allgemeine Anforderungen

Teil 2 Aufnahme

Teil 3 Absteckung

Teil 4 Überwachung

DIN 18723 Feldverfahren zur Genauigkeitsuntersuchung geodätischer Instrumente

Teil 1 Allgemeines

Teil 2 Nivelliere

Teil 3 Theodolite

Teil 4 Optische Distanzmesser

Teil 5 Lotinstrumente

Teil 6 Elektrooptische Distanzmesser für den Nahbereich

Teil 7 Vermessungskreisel

Teil 8 Rotationslaser

DIN 18799 Ortsfeste Steigleitern an baulichen Anlagen

Teil 1 Steigleitern mit Seitenholmen, sicherheitstechnische Anforderungen und Prüfungen

Teil 2 Steigleitern mit Mittelholm, sicherheitstechnische Anforderungen und Prüfungen

DIN 18800 Stahlbau

Teil 1 Bemessung und Konstruktion

Teil 2 Stabilitätsfälle, Knicken von Stäben und Stabwerken

Teil 3 Stabilitätsfälle, Plattenbeulen

Teil 4 Stabilitätsfälle, Schalenbeulen

Teil 5 Verbundtragwerke aus Stahl und Beton – Bemessung und Konstruktion

Teil 7 Ausführung und Herstellerqualifikation

DIN 18856 Großküchengeräte - Friteusen - Anforderungen und Prüfung

DIN 18908 Fußböden für Stallanlagen; Spaltenböden aus Stahlbetonfertigteilen oder aus Holz; Maße, Lastannahmen, Bemessung, Einbau

DIN 18915 Vegetationstechnik im Landschaftsbau - Bodenarbeiten

DIN 18916 Vegetationstechnik im Landschaftsbau - Pflanzen und Pflanzarbeiten

DIN 18917 Vegetationstechnik im Landschaftsbau - Rasen und Saatarbeiten

DIN 18918 Vegetationstechnik im Landschaftsbau - Ingenieurbiologische Sicherungsbauweisen - Sicherungen durch Ansaaten, Bepflanzungen, Bauweisen mit lebenden und nicht lebenden Stoffen und Bauteilen, kombinierte Bauweisen

DIN 18919 Vegetationstechnik im Landschaftsbau - Entwicklungs- und Unterhaltungspflege von Grünflächen

DIN 18920 Vegetationstechnik im Landschaftsbau - Schutz von Bäumen, Pflanzenbeständen und Vegetationsflächen bei Baumaßnahmen

DIN 18951 Lehmbauordnung, 1971 ohne Ersatz zurückgezogen

DIN 19000–19999

DIN 19001 Steckschuh für Kamerazubehör; Anschlußmaße

DIN 19002 Aufnahmeobjektive

Teil 1 Anschlußmaße für steckbares und schraubares Zubehör

DIN 19003 Blitzlicht-Steckverbindung; Blitzlichtkabel, Stecker, Nippel

Teil 1 Anschlußmaße, Anforderungen

DIN 19004 Phototechnik; Drahtauslöser, Drahtauslöserhülse, Anschlußmaße

DIN 19010 Lichtelektrische Belichtungsmesser

Teil 1 Skalen, Kalibrieren

Teil 2 Automatische Belichtungseinstellung in photographischen Kameras

Teil 3 Blitzbelichtungsmesser

DIN 19011 Blitzlichtquellen

Teil 1 Bestimmung von Leitzahl und Leistungsdaten

Teil 2 Elektronenblitzgeräte mit automatischer Belichtungsregelung

Teil 3 Kennzahlen für die spektrale Strahlungsverteilung

DIN 19012 Blitzlampen; Blitzlampenanordnungen mit fest zugeordneten Reflektoren; Lichttechnische Daten

DIN 19015 Zeitmessung an Zentralverschlüssen; Begriffe, Belichtungszeiten, Meßanordnungen; Synchronkontakte

DIN 19016 Zeitmessung an Schlitzverschlüssen; Begriffe, Belichtungszeiten, Meßanordnungen; Synchronkontakte

DIN 19017 Belichtungswert; Begriffe und Bezugspunkt, Belichtungswertkorrektur

DIN 19021 Bewertung von Stehbildwerfern mit Lichtwurflampen

    Teil 2 Temperaturmessungen an Diaprojektoren

    Teil 3 Temperaturmessung an Arbeitsprojektoren

DIN 19030 Filter für Aufnahme-, Kopier- und Wiedergabezwecke; Kopierfilter

    Teil 3 Aufnahmefilter, Filterbezeichnungen

    Teil 4 Kopierfilter; Bestimmen der Filterwerte

    Teil 5 Kopierfilter; Filterskalen an Farbkopiergeräten

DIN 19045 Projektion von Steh- und Laufbild

    Teil 1 Projektions- und Betrachtungsbedingungen für alle Projektionsarten

    Teil 2 Konfektionierte Bildwände

Teil 3 Mindestmaße für kleinste Bildelemente, Linienbreiten, Schrift- und Bildzeichengrößen in Originalvorlagen für die Projektion

Teil 4 Reflexions- und Transmissionseigenschaften von Bildwänden; Kennzeichnende Größen, Bildwandtyp, Messung

Teil 5 Lehr- und Heimprojektion für Steh- und Laufbild, Sicherheitstechnische Anforderungen an konfektionierte Bildwände

Teil 6 Lehr- und Heimprojektion für Steh- und Laufbild, Bildzeichen und Info-Zeichen

Teil 7 Meßverfahren zum Ermitteln der Abbildungseigenschaften von Diaprojektoren

Teil 8 Lichtmessungen bei der Bildprojektion mit Projektor und getrennter Bildwand

Teil 9 Lichtmessungen bei der Bildprojektion mit Projektionseinheiten

DIN 19046 Projektionstechnik, Bühnen- und Theaterprojektion für Steh-, Wander- und Laufbild

Teil 1 Allgemeines

Teil 2 Schrägprojektion auf ebene Bildwände, Projektionseinrichtungen und Projektionsvorlagen

Teil 2 Beiblatt 1 Schrägprojektion auf ebene Bildwände, Arbeitsunterlagen für den praktischen Gebrauch

Teil 2 Beiblatt 2 DIN-Einstelldia A zum Ausrichten der Bildbühne, Nenngröße 13 × 13

Teil 2 Beiblatt 3 DIN-Einstelldia A zum Ausrichten der Bildbühne, Nenngröße 18 × 18

Teil 2 Beiblatt 4 DIN-Einstelldia B zum Anwenden der Projektion

Teil 3 Bühnenbeleuchtung und Projektion des Bühnenabschlusses

DIN 19051 Testvorlagen für die Mikrographie

Teil 20 Probeaufnahmen zum Festlegen der Aufnahmebedingungen für die Zeichnungsverfilmung

Teil 21 Probeaufnahmen zum Festlegen der Aufnahmebedingungen für die Verfilmung von Schriftgut, Schrifttum und Zeitungen

DIN 19052 Mikrofilmtechnik; Zeichnungsverfilmung

Teil 1 Mikrofilm 35 mm, Maße

Teil 2 Mikrofilm 35 mm, Aufnahmetechnik

Teil 3 Mikrofilm 35 mm, Verkleinerungs- und Vergrößerungsfaktoren

Teil 4 Aufnahme in Teilen auf Mikrofilm 35 mm

Teil 6 Mikrofilm 35 mm; Mindestanforderungen an Vergrößerungen

DIN 19053 Mikrofilmkarte für Film 35 mm

DIN 19057 Mikrofilmtechnik; Verfilmung von Zeitungen; Aufnahme auf Film 35 mm

DIN 19058 Farbmikrofilm - Aufnahmetechnik, Herstellen von Original-Strichvorlagen und Halbton-Vorlagen, Bewertung

DIN 19059 Mikrofilme; Bildzeichen für die Mikroverfilmung

    Teil 2 Anwendung und Übersicht

    Teil 2 Beiblatt 1 Vorlagen für die praktische Anwendung

DIN 19078 Mikrofilmtechnik; Mikrofilm-Lesegeräte

    Teil 1 Anforderungen an Durchlicht-Mikrofilm-Lesegeräte

    Teil 4 Mindestangaben in Datenblättern

DIN 19221 Regelungstechnik und Steuerungstechnik - Formelzeichen

DIN 19222 Leittechnik - Begriffe (z.Z. Vornorm DIN V 19222)

DIN 19223 Leittechnik - Regeln für die Benennung von Messgeräten

DIN 19225 Benennung und Einstellung von Reglern (2009 ersetzt durch DIN IEC 60050-351)

DIN 19226 Regelungstechnik und Steuerungstechnik (2009 ersetzt durch DIN IEC 60050-351)

DIN 19227 Leittechnik, Graphische Symbole und Kennbuchstaben für die Prozessleittechnik

    Teil 1 Darstellung von Aufgaben

    Teil 2 Darstellung von Einzelheiten

DIN 19235 Messen, Steuern, Regeln; Meldung von Betriebszuständen

DIN 19237 Steuerungstechnik (Begriffe)

DIN 19260 pH-Messung - Allgemeine Begriffe

DIN 19277 Grafische Symbole der Prozessleittechnik

DIN 19306 Papier - Druckpapiere

    Teil 1: Allgemeine technische Lieferbedingungen

    Teil 2: Technische Lieferbedingungen für Offset-Papier, gestrichen und ungestrichen, weiß

    Teil 3: Technische Lieferbedingungen für Tiefdruck-Papier, gestrichen und ungestrichen

    Teil 4: Technische Lieferbedingungen für Zeitungsdruckpapier

DIN 19596 Schachtabdeckungen, Klassen A 15 und B 125, rund

    Teil 1 Zusammenstellung

    Teil 2 Rahmen

    Teil 3 Deckel

DIN 19605 Festbettfilter zur Wasseraufbereitung - Aufbau und Bestandteile

DIN 19624 Anschwemmfilter zur Wasseraufbereitung

DIN 19630 Richtlinien für den Bau von Wasserrohrleitungen; Technische Regel des DVGW, 3.2000 ersetzt durch DIN EN 805

DIN 19643 Aufbereitung von Schwimm- und Badebeckenwasser

Teil 1 Allgemeine Anforderungen

Teil 2 Verfahrenskombination: Adsorption-Flockung-Filtration-Chlorung

Teil 3 Verfahrenskombination: Flockung-Filtration-Ozonung-Sorptionsfiltration-Chlorung

Teil 4 Verfahrenskombination: Flockung-Ozonung-Mehrschichtfiltration-Chlorung

Teil 5 Verfahrenskombination: Flockung-Filtration-Adsorption an Aktivkornkohle-Chlorung

Es ist ein Entwurf veröffentlicht, als Ersatz für vorhergehende Version der Norm aus den Jahren 1997-1999, die Einspruchsfrist ist bis 30. September 2011, nachstehend die neue Gliederung:

Teil 1 Allgemeine Anforderungen

Teil 2 Verfahrenskombinationen mit Festbett- und Anschwemmfiltern

Teil 3 Verfahrenskombinationen mit Ozonung

Teil 4 Verfahrenskombinationen mit Ultrafiltration

DIN 19645 Aufbereitung von Spülabwässern aus Anlagen zur Aufbereitung von Schwimm- und Badebeckenwasser

DIN 19657 Sicherung von Gewässern, Deichen und Küstendünen, Richtlinien

DIN 19661 Wasserbauwerke

Teil 1 Kreuzungsbauwerke; Durchleitungs- und Mündungs-
bauwerke

Teil 2 Sohlenbauwerke - Abstürze, Absturztreppen, Sohlen-
rampen, Sohlengleiten, Stützschwellen, Grundschwellen, Soh-
lenschwellen

DIN 19700 Stauanlagen

Teil 10 Gemeinsame Festlegungen

Teil 11 Talsperren

Teil 12 Hochwasserrückhaltebecken

Teil 13 Staustufen

Teil 14 Pumpspeicherbecken

Teil 15 Sedimentationsbecken

DIN 19712 Flussdeiche

DIN 20000–29999

DIN 20066 Fluidtechnik - Schlauchleitungen - Maße, Anforderungen

DIN 20163 Sprengarbeiten

DIN 21800 Zeichen „Schlägel und Eisen" (Bergbausymbol)

DIN 21908 Bergmännisches Rißwerk; Farben

DIN 22101 Gurtförderer für Schüttgut Grundlagen Berechnung und
Auslegung

DIN 22107 Tragrollenanordnungen für Gurtförderer

DIN 22112 Tragrolle: Maße, Anforderungen, Prüfung

DIN 23307 Gesäßleder für den Bergbau (Arschleder)

DIN 23342 Bekleidung für den Bergbau – Herren-Unterhemd mit 1/4-
Ärmel

DIN 23345 Bekleidung für den Bergbau – Herren-Unterhose 1/1 lang

DIN 24290 Strahlpumpen; Begriffe, Einteilung

DIN 24291 Strahlpumpen; Benennungen von Einzelteilen

DIN 24420 Ersatzteile

DIN 24500 Walzwerkseinrichtungen

    Teil 1 Übersicht der Begriffe

    Teil 3 Benennung der Walzstraßen

    Teil 4 Benennung der Walzgerüste und Walzenantriebe

    Teil 5 Begriffe der Kühl- und Schmieranlagen für das Walzen

    Teil 6 Begriffe der Abkühleinrichtungen für Walzgut

    Teil 7 Begriffe der Einrichtungen zum Richten und Strecken

    Teil 8 Begriffe der Einrichtungen zum Stapeln

    Teil 9 Begriffe der Einrichtungen zum Entstapeln

Teil 10 Begriffe der Einrichtungen zum Wickeln, Sammeln, Bündeln, Binden und Verpacken

Teil 11 Begriffe der Transport- und Führungseinrichtungen

Teil 12 Begriffe der Trenneinrichtungen

Teil 13 Begriffe der Schrottverarbeitungseinrichtungen

Teil 14 Begriffe der Entzunderungseinrichtungen in Warmwalzwerken

Teil 15 Begriffe der sonstigen Einrichtungen

DIN 24972 Fahrausweisautomaten

DIN 25124 Schwenkvorrichtungen an Mannlochverschlüssen, Teil 1 bis Teil 3

DIN 25407 Abschirmwände gegen ionisierende Strahlung

DIN 25424 Fehlerbaumanalyse

DIN 25425 Radionuklidlaboratorien

Teil 1 Regeln für die Auslegung

Beiblatt 1 Ausführungsbeispiele

Teil 3 Regeln für den vorbeugenden Brandschutz

Teil 4 Regeln für den Personenschutz

Beiblatt 1 Hinweise für die Erstellung einer Strahlenschutzanweisung für den Umgang mit radioaktiven Stoffen in Radionuklidlaboratorien

Beiblatt 2 Hinweise zur Abschirmung von Photonen- und Betastrahlung

DIN 25448 Ausfalleffektanalyse (FMEA), 11.2006 ersetzt durch DIN EN 60812

DIN 28004 Fließbilder verfahrenstechnischer Anlagen

Teil 1 Begriffe, Fließbildarten, Informationsinhalt, 3.2001 ersetzt durch DIN EN ISO 10628

Teil 2 Zeichnerische Ausführung, 3.2001 ersetzt durch DIN EN ISO 10628

Teil 3 Graphische Symbole, 3.2001 ersetzt durch DIN EN ISO 10628

Teil 4 Kurzzeichen, 6.2003 ersetzt durch DIN 6779-13 und DIN EN ISO 10628

DIN 28011 Gewölbte Böden – Klöpperform

DIN 28013 Gewölbte Böden – Korbbogenform

DIN 28025 Stutzen aus nichtrostendem Stahl

DIN 28030 Flanschverbindungen für Behälter und Apparate

Teil 1 Apparateflanschverbindungen

Teil 2 Flansche, Grenzabmaße

DIN 28031 Schweißflansche für drucklose Behälter und Apparate

DIN 28032 Schweißflansche für Druckbehälter und -apparate (schwarz)

DIN 28034 Vorschweißflansche für Druckbehälter und -apparate (schwarz)

DIN 28036 Schweißflansche für Druckbehälter und -apparate (weiß)

DIN 28038 Schweißflansche mit zyl. Ansatz für Druckbehälter und -apparate (weiß)

DIN 28040 Flachdichtungen für Behälter und Apparate

DIN 28080 Sättel für liegende Apparate

DIN 28081 Apparatefüße

   Teil 1 aus Rohr - Maße

   Teil 2 aus Profilstahl; Maße

   Teil 3 aus Rohr, Fußform B; Maximale Gewichtskräfte für gewölbte Böden

   Teil 4 aus Profilstahl; Maximale Momente in die Apparatewand durch Gewichtskräfte über Apparatefüße

DIN 28082 Standzargen für Apparate

   Teil 1 Mit einfachem Fußring; Maße

   Teil 2 Fußring mit Pratzen oder Doppelring mit Stegen; Maße

DIN 28083 Pratzen

   Teil 1 Maße, Maximale Gewichtskräfte

   Teil 2 Maximale Momente auf die Apparatewand durch Gewichtskräfte über Pratzen Form A

DIN 28085 Tragzapfen an Apparaten für Montage; Maße und maximale Kräfte

DIN 28086 Tragösen an Apparaten für Montage; Maße und maximale Kräfte

DIN 28087 Traglaschen an Apparaten für Montage; Maße und maximale Kräfte

DIN 28115 Stutzen aus unlegiertem Stahl - PN 10 bis PN 40

DIN 28401 Vakuumtechnik - Bildzeichen - Übersicht

DIN 28416 Vakuumtechnik; Kalibrieren von Vakuummetern im Bereich von 10-3 bis 10-7 mbar, Allgemeines Verfahren: Druckerniedrigung durch beständige Strömung

DIN 28426 Vakuumtechnik; Abnahmeregeln

Teil 1 für Rotationsverdrängervakuumpumpen, Sperr- und Drehschieber- sowie Kreiskolbenvakuumpumpen im Grob- und Feinvakuumbereich

Teil 2 für Drehkolbenvakuumpumpen, Wälzkolbenvakuumpumpen im Feinvakuumbereich

DIN 28427 Vakuumtechnik; Abnahmeregeln für Diffusionspumpen und Dampfstrahlvakuumpumpen für Treibmitteldampfdrücke <1 mbar

DIN 28428 Vakuumtechnik; Abnahmeregeln für Turbomolekularpumpen

DIN 28429 Vakuumtechnik; Abnahmeregeln für Ionengetterpumpen

DIN 28430 Vakuumtechnik; Meßregeln für Dampfstrahlvakuumpumpen und Dampfstrahlkompressoren; Treibmittel: Wasserdampf

DIN 28431 Vakuumtechnik; Abnahmeregeln für Flüssigkeitsringvakuumpumpen

DIN 28432 Vakuumtechnik; Abnahmeregeln für Membranvakuumpumpen

DIN 30000-39999

DIN 30052 Bezeichnung der Radsatzfolge für Schienenfahrzeuge

DIN 30295 Gerundetes Trapezgewinde

Teil 1 Nennmaße

Teil 2 Gewindegrenzmaße und Abmaße, Zulässige Abweichungen und zulässige Abnutzungen der Gewindelehren

DIN 30386 Sechskantmuttern – Gerundetes Trapezgewinde

DIN 30387 Ansatzmuttern – Metrisches Feingewinde, Gerundetes Trapezgewinde

DIN 30389 Sechskant- und Kronenmuttern mit Rundgewinde, für Spannschlösser und Zughaken von Triebfahrzeugen

DIN 30630 Technische Zeichnungen - Allgemeintoleranzen in mechanischer Technik - Toleranzregel und Übersicht

DIN 30660 Dichtungsmittel für die Gas- und Wasserversorgung sowie für Wasserheizungsanlagen - Nichtaushärtende Dichtmittel und Polytetrafluoroethylen (PTFE)-Bänder für metallene Gewindeverbindungen der Hausinstallation

DIN 30999 Hartmetalle – Rockwell-Härteprüfung (Skalen A und 45N) – Kalibrierung von Härtevergleichsplatten aus Hartmetall für die Prüfung und Kalibrierung von Härteprüfmaschinen

DIN 31001 Sicherheitsgerechtes Gestalten technischer Erzeugnisse; Schutzeinrichtungen; Begriffe

Teil 1 Sicherheitsabstände für Erwachsene und Kinder, 3.2009 ersetzt durch DIN EN ISO 13857

DIN 31051 Grundlagen der Instandhaltung

DIN 32625 Größen und Einheiten in der Chemie; Stoffmenge und davon abgeleitete Größen, 4.2006 ersatzlos zurückgezogen

DIN 32629 Stoffportion; Begriff, Kennzeichnung; 2.2004 ersatzlos zurückgezogen

DIN 31635 Transkription der arabischen in die lateinische Schrift

DIN 31636 Transkription der hebräischen in die lateinische Schrift

DIN 31638 Bibliographische Ordnungsregeln

DIN 32640 Chemische Elemente und einfache anorganische Verbindungen; 4.2008 ersatzlos zurückgezogen

DIN 32641 Chemische Formeln; 4.2006 ersatzlos zurückgezogen

DIN 32642 Symbolische Beschreibung chemischer Reaktionen

DIN 32711 Polygonprofile P3G

DIN 32712 Polygonprofile P4C

DIN 32757 Büro- und Datentechnik - Vernichten von Informationsträgern

Teil 2 Maschinen und Einrichtungen - Mindestangaben

DIN 32912 Graphische Symbole und Schilder zur Information der Skifahrer auf Skipisten

DIN 32932 Heimsportgeräte; Tretkurbel-Trainingsgeräte; Begriffe, Sicherheitstechnische Anforderungen, Prüfung; 8.1997 ersetzt durch DIN EN 957-5

DIN 32976 Blindenschrift - Anforderungen und Maße

DIN 32981 Zusatzeinrichtungen für Blinde und Sehbehinderte an Straßenverkehrsanlagen (SVA)

DIN 32984 Bodenindikatoren im öffentlichen Verkehrsraum

DIN 33402 Körpermaße des Menschen

Teil 1 Begriffe, Messverfahren

Teil 2 Ergonomie

Teil 3 Bewegungsraum bei verschiedenen Grundstellungen und Bewegungen

DIN 33403 Klima am Arbeitsplatz und in der Arbeitsumgebung

Teil 2 Einfluß des Klimas auf den Wärmehaushalt des Menschen

Teil 3 Beurteilung des Klimas im Warm- und Hitzebereich auf der Grundlage ausgewählter Klimasummenmaße

Teil 5 Ergonomische Gestaltung von Kältearbeitsplätzen

DIN 33404 Gefahrensignale für Arbeitsstätten

Teil 3 Akustische Gefahrensignale; Einheitliches Notsignal; Sicherheitstechnische Anforderungen, Prüfung

DIN 33406 Arbeitsplatzmaße im Produktionsbereich – Begriffe, Arbeitsplatztypen, Arbeitsplatzmaße

DIN 33407 Arbeitsanalyse – Merkmale

DIN 33408 Körperumrissschablonen für Sitzplätze

Teil 1 Für Sitzplätze

Beiblatt 1 Anwendungsbeispiele

DIN 33409 Sicherheitsgerechte Arbeitsorganisation – Handzeichen zum Einweisen

DIN 33411 Körperkräfte des Menschen

Teil 1 Begriffe, Zusammenhänge, Bestimmungsgrößen

Teil 3 Maximal erreichbare statische Aktionsmomente männlicher Arbeitspersonen an Handrädern

Teil 4 Maximale statische Aktionskräfte (Isodynen)

Teil 5 Maximale statische Aktionskräfte, Werte

DIN 33414 Ergonomische Gestaltung von Warten

Teil 4 Gliederungsschema, Anordnungsprinzipien

DIN 33415 Fließarbeit – Begriffe, Merkmale

DIN 33416 Zeichnerische Darstellung der menschlichen Gestalt in typischen Arbeitshaltungen

DIN 33417 Beschreibung von Ort, Lage und Bewegungsrichtung von Gegenständen

DIN 33419 Allgemeine Grundlagen der ergonomischen Prüfung von Produktentwürfen und Industrieerzeugnissen

DIN 33430 Anforderungen an Verfahren und deren Einsatz bei berufsbezogenen Eignungsbeurteilungen

DIN 33450 Graphisches Symbol zum Hinweis auf Beobachtung mit optisch-elektronischen Einrichtungen (Video-Infozeichen)

DIN 33466 Wegweiser für Wanderwege

DIN 33870 Aufbereitete Toner Module

DIN 33871 Informationstechnik - Bürogeräte, Tintendruckköpfe und Tintentanks für Tintenstrahldrucker

Teil 1 Aufbereitung von gebrauchten Tintendruckköpfen und Tintentanks für Tintenstrahldrucker

Teil 2 Anforderungen an und Merkmale von kompatiblen Tintenpatronen (4-Farbsystem) für Tintenstrahldrucker

DIN 33880 Informationstechnik - Programmierschnittstelle für Sprachsteuerung (VOCAPI)

DIN 33897 Arbeitsplatzatmosphäre - Routineverfahren zur Bestimmung des Staubungsverhaltens von Schüttgütern

Teil 1 Grundlagen

Teil 3 Verstaubung in ruhender Luft

DIN 34800 Schrauben mit Außensechsrund mit kleinem Flansch

DIN 34828 Anschweißenden für Spannschlösser

DIN 38030 Schienenfahrzeuge - Druckluftausrüstung für Schienen-
    fahrzeuge - Überdruckmessgeräte

DIN 40000–49999

DIN 40015 Frequenzbereiche und Wellenlängenbereiche

DIN 40020 Begriffe der Wellenausbreitung

DIN 40101 Bildzeichen

DIN 40103 Elektrische Eigenschaften gestreckter Leiter

DIN 40108 Stromsysteme (Begriffe, Größen, Formelzeichen)

DIN 40110 Wechselstromgrößen

    Teil 1 Zweileiter-Stromkreise

    Teil 2 Mehrleiter-Stromkreise

DIN 40146 Begriffe der Nachrichtenübertragung

DIN 40148 Übertragungsfaktor, Pegel

DIN 40200 Nennwert, Bemessungswert u. Ä.

DIN 40400 Elektrogewinde, E-Gewinde, Edisongewinde z. B. für Glühlampen

DIN 40430 PG Gewinde, Panzerrohrgewinde

DIN 40705 Starkstrom-Schaltanlagen; Kennfarben für blanke Leitungen, Elektrotechnik

    Beiblatt Starkstrom-Schaltanlagen; Kennfarben für blanke
Leitungen, Elektrotechnik

DIN 40719 Schaltungsunterlagen

Teil 1 Begriffe, Einteilung, 5.1995 ersetzt durch DIN EN 61082-1 und -3

Teil 2 Kennzeichnung von elektrischen Betriebsmitteln, 12.2000 ersetzt durch DIN EN 61346-1 und -2

Teil 2 Bbl.1 Kennzeichnung von elektrischen Betriebsmitteln, Alphabetisch geordnete Beispiele, 12.2000 ersetzt durch DIN EN 61346-1 und -2

Teil 3 Regeln für Stromlaufpläne der Elektrotechnik, 5.1995 ersetzt durch DIN EN 61082-1 und -2

Teil 4 Regeln für Übersichtsschaltpläne der Elektrotechnik, 5.1995 ersetzt durch DIN EN 61082-1 und -2

Teil 5 Elektroinstallation, 10.1996 ersetzt durch DIN EN 61082-4

Teil 6 Regeln für Funktionspläne, 12.2002 ersetzt durch DIN EN 60848

Teil 7 Regeln für die instandhaltungsfreundliche Gestaltung, 5.1995 ersetzt durch DIN EN 61082-1 und -2

Teil 9 Ausführung von Anschlußplänen, 5.1995 ersetzt durch DIN EN 61082-3

Teil 10 Ausführung von Anordnungsplänen, 10.1996 ersetzt durch DIN EN 61082-4

Teil 60 Ausführung von Funktionsplänen für Messen, Steuern, Regeln, 2.1992 ersetzt durch DIN 40719-6

DIN 40729 Akkumulatoren; Galvanische Sekundärelemente; Grundbegriffe

DIN 40900 Graphische Symbole für Schaltungsunterlagen

Teil 1-13 8.1997 ersetzt durch DIN EN 60617-1...13

Bbl.1 Stichwortverzeichnis, 7.1994 ersatzlos zurückgezogen

DIN 41215 Relais und dazugehörende Begriffe

DIN 41301 Magnetische Werkstoffe für Übertrager

DIN 41426 Nennwerte von Widerständen und Kondensatoren

DIN 41429 Farbkennzeichnung von Widerständen und Kondensatoren

DIN 41488 Elektrotechnik, Teilungsmaße für Schränke

Teil 2 Niederspannungs-Schaltanlagen

Teil 3 Hochspannungs-Schaltanlagen bis Reihe 20 N (24 kV)

DIN 41612 Steckverbinder für gedruckte Schaltungen, indirektes Stecken, Rastermaß 2,54 mm; mehrere Teile, 2.1999 ersetzt durch DIN EN 60603-2

DIN 41750 Stromrichter (Begriffe)

DIN 41782 Gleichrichterdioden

DIN 41786 Thyristoren, Begriffe

DIN 41855 Optoelektronische Halbleiterbauelemente

DIN 41868 Gehäuse für Halbleiterbauelemente, Gehäuse Typ 10, Hauptmaße, 5.1998 ersatzlos zurückgezogen

DIN 41869 Gehäuse für Halbleiterbauelemente

Teil 1 Gehäuse Typ 23, Hauptmaße, 3.1986 ersatzlos zurückgezogen

Teil 2 Gehäuse Typ 34, Hauptmaße, 11.1998 ersatzlos zurückgezogen

Teil 3 Gehäuse Typ 11, Hauptmaße, 7.1988 ersatzlos zurückgezogen

Teil 4 Gehäuse Typ 12, Hauptmaße, 11.1998 ersatzlos zurückgezogen

Teil 5 Gehäuse Typ 13, Hauptmaße, 11.1998 ersatzlos zurückgezogen

Teil 6 Gehäuse Typ 14, Hauptmaße, 9.1986 ersetzt durch DIN 41870-13

Teil 7 Gehäuse Typ 15, Hauptmaße, 11.1998 ersatzlos zurückgezogen

DIN 41873 Gehäuse für Halbleiterbauelemente und integrierte Schaltungen; Gehäuse Typ 5, Hauptmaße, 11.1999 ersatzlos zurückgezogen

DIN 41876 Gehäuse für Halbleiterbauelemente, Gehäuse Typ 18, Hauptmaße, 5.1998 ersatzlos zurückgezogen

DIN 42400 Kennzeichnung von Anschlüssen

DIN 42402 Anschlussbezeichnung für Transformatoren und Drossel-
spulen

DIN 42403 Anschlussbezeichnung für Stromrichter

DIN 42673 Drehstrommotoren mit Käfigläufern, oberflächengekühlt
(Normmotoren)

DIN 42676 Drehstrommotoren mit Käfigläufern, innengekühlt
(Normmotoren)

DIN 42961 Leistungsschilder (Motoren, Transformatoren usw.)

DIN 42973 Leistungsreihe elektrischer Maschinen

DIN 43148 Keilendklemme

DIN 43751 Messen, Steuern, Regeln; Digitale Meßgeräte

Teil 1 Allgemeine Festlegungen über Begriffe, Prüfungen und
Datenblattangaben

Teil 2 Meßgeräte zur Messung von analogen Größen; Begriffe,
Prüfungen und Datenblattangaben

Teil 3 Meßgeräte zur Messung von digitalen Größen; Begriffe,
Prüfungen und Datenblattangaben

Teil 4 Meßgeräte zur Messung von zeitbezogenen Größen;
Begriffe, Prüfungen und Datenblattangaben

DIN 43780 Anzeigende Messgeräte, ersetzt durch DIN EN 60051

DIN 43790 Grundregeln für die Gestaltung von Strichskalen und Zei-
gern

DIN 43802 Skalen von Messgeräten

DIN 43807 Elektrische Messgeräte (Schalttafelmessgeräte)

DIN 43856 Elektrizitätszähler, Tarifschaltgeräte

DIN 43865 Zähler

DIN 43870 Zählerplätze

DIN 43880 Installationseinbaugeräte - Hüllmaße und zugehörige Ein-
baumaße

DIN 44070 Temperaturabhängige Widerstände, Heißleiter

DIN 44080 Temperaturabhängige Widerstände, Kaltleiter

DIN 44300 Informationsverarbeitung. Die Norm ist zunächst in ein-
zelnen Teilen und dann insgesamt zurückgezogen worden.
Sie wird ersetzt durch die Norm DIN ISO/IEC 2382.

Teil 1: Allgemeine Begriffe

Teil 2: Informationsdarstellung

Teil 3: Datenstrukturen

Teil 4: Programmierung

Teil 5: Aufbau digitaler Rechensysteme

Teil 6: Speicherung

Teil 7: Zeiten

Teil 8: Verarbeitungsfunktionen

Teil 9: Verarbeitungsabläufe

DIN 45020 Bezeichnungen und Begriffsbestimmungen aus dem Gebiet der Wellenausbreitung

DIN V 45025 Begriffe aus dem Gebiet der Radartechnik

DIN 45401 Akustik, Elektroakustik; Normfrequenzen für Messungen, 8.1997 ersetzt durch DIN EN ISO 266

DIN 45500 Heimstudio-Technik (Hi-Fi)

Teil 1 Allgemeines, 2.1996 ersetzt durch DIN EN 61305-1

Teil 2 Mindestanforderungen an UKW-Empfangsteile (Tuner), 7.1999 ersatzlos zurückgezogen

Teil 3 Mindestanforderungen an Schallplatten-Abspielgeräte, 7.1999 ersatzlos zurückgezogen

Teil 4 Mindestanforderungen an Magnetbandgeräte für Aufnahme und Wiedergabe, 7.1999 ersatzlos zurückgezogen

Teil 5 Mindestanforderungen an Mikrofone, 7.1999 ersatzlos zurückgezogen

Teil 6 Mindestanforderungen an Verstärker, 2.1996 ersetzt durch DIN EN 61305-3

Teil 7 Mindestanforderungen an Lautsprecher, 7.1999 ersatzlos zurückgezogen

Teil 8 Mindestanforderungen an Kombinationen und Anlagen, 7.1999 ersatzlos zurückgezogen

Teil 9 Mindestanforderungen an Magnettonbänder 4 und 6 für Schallaufzeichnung, 2.1991 ersatzlos zurückgezogen

Teil 10 Mindestanforderungen an Kopfhörer, 7.1999 ersatzlos zurückgezogen

DIN 45540 Schall-Aufnahme und-Wiedergabe, Phonogeräte; Meß-Schallplatte, Frequenz-Schallplatte

DIN 45621 Sprache für Gehörprüfung

Teil 1 Ein- und mehrsilbige Wörter

Teil 2 Sätze

DIN 45630 Grundlagen der Schallmessung

DIN 45635

Teil 16 Geräuschmessung an Maschinen; Luftschallmessung, Hüllflaechen-Verfahren, Werkzeugmaschinen

Teil 49 Geräuschmessung an Maschinen; Luftschallemission, Hüllflaechen-Verfahren; Oberflächenbehandlungsanlagen

Teil 1601 Geräuschmessung an Maschinen; Luftschallmessung, Hüllflächen-Verfahren, Werkzeugmaschinen für Metallbearbeitung, Besondere Festlegungen für Drehmaschinen

Teil 1602 Geräuschmessung an Maschinen; Luftschallmessung, Hüllflaechen-Verfahren, Werkzeugmaschinen fuer Metallbearbeitung, Besondere Festlegungen für Gesenkschmiedehämmer

Teil 1603 Geräuschmessung an Maschinen; Luftschallmessung, Hüllflaechen-Verfahren, Werkzeugmaschinen fuer Metallbearbeitung, Besondere Festlegungen für Mehrzweckpressen

DIN 45643 Messung und Beurteilung von Flugzeuggeräuschen

DIN 45679 Mechanische Schwingungen – Messung und Bewertung der Greif- und Andruckkräfte zur Beurteilung der Schwingungsbelastung des Hand-Arm-Systems

DIN 45681 Akustik – Bestimmung der Tonhaltigkeit von Geräuschen und Ermittlung eines Tonzuschlages für die Beurteilung von Geräuschimissionen

DIN 46400 Flacherzeugnisse aus Stahl mit besonderen magnetischen Eigenschaften;

Teil 1 Elektroblech und -band, kaltgewalzt, nichtkornorientiert, schlußgeglüht, Technische Lieferbedingungen, 2.1996 ersetzt durch DIN EN 10106

Teil 1 Bbl.1 Ummagnetisierungsverlust bei Frequenzen über 100 Hz, 2.1996 ersetzt durch DIN EN 10106

Teil 2 Elektroblech und -band, kaltgewalzt, nichtkornorientiert, nicht schlußgeglüht, Technische Lieferbedingungen, 2.1996 ersetzt durch DIN EN 10126

Teil 3 Elektroblech und -band, kornorientiert; Technische Lieferbedingungen, 2.1996 ersetzt durch DIN EN 10107

Teil 4 Elektroblech und -band aus legierten Stählen, kaltgewalzt, nichtkornorientiert, nicht schlußgeglüht; Technische Lieferbedingungen, 2.1996 ersetzt durch DIN EN 10165

DIN 47100 Fernmeldeschnüre; Kennzeichnung der Adern, Farben der Außenhüllen, 11.1998 ersatzlos zurückgezogen

DIN 47301 HF-Leitungstechnik

DIN 48803 Blitzschutzanlage; Anordnung von Bauteilen und Monta-
gemaße

DIN 48830 Blitzschutzanlage; Beschreibung

DIN 49073 Gerätedosen aus Metall oder Isolierstoff

Teil 1 zur Aufnahme von Installationsgeräten bis 16 A 250 V

Teil 3 zum versenkten Einbau und zur Aufnahme von Steckdosen nach DIN

DIN 49440 Zweipolige Steckdosen mit Schutzkontakt, DC 10 A/ AC 16
A, 250 V

Teil 1 Hauptmaße

Teil 2 Ortsveränderliche Mehrfachsteckdosen, Kombination
von Steckdosen 16 A 250 V und Steckdosen 2,5 A 250 V -
Hauptmaße

Teil 3 zweipolige Kupplungsdosen, spritzwassergeschützt

Teil 4 Lehren für Kupplungsdosen

Teil 5 für Einbau in Gerätedosen; Maße

Teil 6 für Verwendung auf Montageflächen, für Kupplungsdosen und für ortsveränderliche Steckdosen; Maße

DIN 49441 Zweipolige Stecker mit Schutzkontakt

Teil 2 Zweipolige Stecker mit Schutzkontakt, spritzwassergeschützt

Teil 3 Lehre für Stecker-Außendurchmesser; Prüfvorrichtung

DIN 49445 Dreipolige Steckdosen mit Neutral- und Schutzkontakt AC
16 A 400/230 V

DIN 49447 Dreipolige Steckdosen mit Neutral- und Schutzkontakt AC
25 A 400/230 V

DIN 49670 Lehren für Leuchtstofflampen-Fassungen mit Schutzrohr

DIN 49802 Vorheiz-Bedingungen für starterlos betriebene röhrenförmige Leuchtstofflampen; Identisch mit IEC 60882:1986
(Report)

DIN 49860 Halogen-Metalldampflampen mit tageslichtähnlicher
Strahlungsverteilung

Teil 2 Sportstättenbeleuchtung

DIN 50000–59999

DIN 50017 Kondenswasser-Prüfklimate

DIN 50021 Sprühnebelprüfungen mit verschiedenen Natriumchlorid-Lösungen

DIN 50049 Arten von Prüfbescheinigungen, 8.1995 ersetzt durch DIN EN 10204

DIN 50055 Lichtmeßstrecke für Rauchentwicklungsprüfungen

DIN 50145 Zugversuch für metallische Werkstoffe, 4.1991 ersetzt durch DIN EN 10002-1 und DIN EN 10002-5

DIN 50150 Prüfung von Stahl und Stahlguss; Umwertungstabelle für Vickershärte, Brinellhärte, Rockwellhärte und Zugfestigkeit, 10.2000 ersetzt durch DIN EN ISO 18265

DIN 50320 Verschleiß: Begriffe, Systemanalyse von Verschleißvorgängen, Gliederung des Verschleißgebietes, 11.1997 ersatzlos zurückgezogen

DIN 50914 Prüfung nichtrostender Stähle auf Beständigkeit gegen interkristalline Korrosion, Kupfersulfat-Schwefelsäure-Verfahren, 8.1998 ersetzt durch DIN EN ISO 3651-2

DIN 51220 Allgemeines zur Anforderung an Werkstoffprüfmaschinen und zu deren Prüfung und Kalibrierung (gilt auch für Zugprüfmaschinen)

DIN 51520 Schmierstoffe - Kühlschmierstoffe - Nichtwassermischbare Kühlschmierstoffe SN; Mindestanforderungen

DIN 51599 Prüfung von Schmierölen - Bestimmung des Demulgier-
vermögens (Luftabscheidevermögen) nach dem Rührverfah-
ren, 4.2002 ersetzt durch DIN ISO 6614

DIN 51731 Beschaffenheit von Holzpellets

DIN 51794 Prüfung von Mineralölkohlenwasserstoffen – Bestimmung
der Zündtemperatur

DIN 51900 Prüfung fester und flüssiger Brennstoffe - Bestimmung des
Brennwertes mit dem Bomben-Kalorimeter und Berechnung
des Heizwertes

DIN 52008 Prüfverfahren für Naturstein – Beurteilung der Verwitte-
rungs-Beständigkeit (u.a. Rostbeständigkeit)

DIN 52034 Prüfung bituminöser Bindemittel, Nachweis von Teer im
Bitumen; 1.2003 ersatzlos zurückgezogen

Teil 1 Allgemeine Angaben, Grundgeräte, Grundverfahren

Teil 2 Verfahren mit isoperibolem oder static-jacket Kalori-
meter

Teil 3 Verfahren mit adiabatischem Mantel

DIN 52108 Verschleißprüfung nach Böhme, Schleifscheiben-
Verfahren

DIN 52613 Bestimmung der Wärmeleitfähigkeit nach dem Rohrver-
fahren

DIN 52615 Ermittlung der Wasserdampfdurchlässigkeit, 9.2001 ersetzt durch DIN EN ISO 12572

DIN 53160 Bestimmung der Farblässigkeit von Gebrauchsgegenständen

    Teil 1 Prüfung mit Speichelsimulanz

    Teil 2 Prüfung mit Schweißsimulanz

DIN 53219 Beschichtungsstoffe – Bestimmung des Volumens der nichtflüchtigen Anteile

DIN 53221 Beschichtungsstoffe – Prüfungen von Beschichtungen auf Überarbeitbarkeit

DIN 53235 Prüfung von Pigmenten - Prüfungen an standardfarbtiefen Proben

    Teil 1 Standardfarbtiefen

    Teil 2 Einstellen von Proben auf Standardfarbtiefe

DIN 53402 Bestimmung der Säurezahl in Schwerölen oder Schmierölen, 6.1998 ersetzt durch DIN EN ISO 3682

DIN 53452 Biegeversuch

DIN 53455 Prüfung von Kunststoffen; Zugversuch, 7.1996 ersetzt durch DIN EN ISO 527-1...3

DIN 53479 Bestimmung der Dichte

DIN 53704 Prüfung von Kunststoffen; Bestimmung von freien Phenolen in Phenoplast-Formteilen

DIN 53754 Prüfung von Kunststoffen; Bestimmung des Abriebs nach dem Reibradverfahren

DIN 53778 Scheuerbeständigkeit von Farben

DIN 53804 Statistische Auswertungen

    Teil 1 Kontinuierliche Merkmale

    Teil 2 Zählbare (diskrete) Merkmale

    Teil 3 Ordinalmerkmale

    Teil 4 Attributmerkmale

DIN 53902 Prüfung von Tensiden, Bestimmung des Schäumvermögens

    Teil 1 Lochscheiben-Schlagverfahren, 1.2000 ersetzt durch DIN EN 12728

    Teil 2 Modifiziertes Ross-Miles-Verfahren

DIN 55003 Bildzeichen für NC-Werkzeugmaschinen

DIN 55301 Gestaltung statistischer Tabellen

DIN 55303 Statistische Auswertung von Daten

DIN 55350 Begriffe der Qualitätssicherung und Statistik

    Beiblatt 1 Struktur und Gesamt-Stichwortverzeichnis

    Teil 11 Begriffe des Qualitätsmanagements

    Teil 12 Merkmalsbezogene Begriffe

    Teil 13 Begriffe zur Genauigkeit von Ermittlungsverfahren und Ermittlungsergebnissen

Teil 14 Begriffe der Probenahme

Teil 15 Begriffe zu Mustern

Teil 16 Begriffe der Qualitätssicherung; Begriffe zu Qualitäts-
sicherungssystemen (Entwurf), 10.1989 ersatzlos zurückgezogen

Teil 17 Begriffe der Qualitätsprüfungsarten

Teil 18 Begriffe zu Bescheinigungen über die Ergebnisse von
Qualitätsprüfungen; Qualitätsprüf-Zertifikate

Teil 21 Begriffe der Statistik; Zufallsgrößen und Wahrschein-
lichkeitsverteilungen

Teil 22 Begriffe der Statistik; Spezielle Wahrscheinlichkeits-
verteilungen

Teil 23 Begriffe der Statistik; Beschreibende Statistik

Teil 24 Begriffe der Statistik; Schließende Statistik

Teil 31 Begriffe der Annahmestichprobenprüfung

Teil 33 Begriffe der statistischen Prozeßlenkung (SPC)

Teil 34 Erkennungsgrenze, Erfassungsgrenze und Erfas-
sungsvermögen, 9.2004 ersetzt durch DIN ISO 11843-1

DIN 55405 Verpackung - Terminologie - Begriffe

DIN 55406 Packmittel - Spezielle Technische Liefer- und Bezugs- sowie Verwendungsbedingungen für ein- bzw. zweiteilige 28
mm Schraubverschlüsse aus Polyethylen (PE) bzw. aus Poly-

propylen (PP) und 28 mm Anrollverschlüsse aus Aluminium
(Al)

DIN 55607 Pigmente und Füllstoffe - Dispergierung von Pigmenten in
Pulverlacken und deren farbmetrische Beurteilung nach der
Applikation

DIN 55699 Verarbeitung von Wärmedämm-Verbundsystemen

DIN 55977 Prüfung von Farbstoffen; Bestimmung des in Lösemitteln
schwerlöslichen Anteils

DIN 55978 Prüfung von Farbstoffen; Bestimmung der relativen Farbstärke in Lösungen; Spektralphotometrisches Verfahren

DIN 55979 Prüfung von Pigmenten; Bestimmung der Schwarzzahl
von Pigmentrußen

DIN 55980 Bestimmung des Farbstichs von nahezu weißen Proben

DIN 55981 Bestimmung des relativen Farbstichs von nahezu weißen
Proben

DIN 55982 Prüfung von Pigmenten; Bestimmung des Aufhellvermö-
gens von Weißpigmenten, Pastenverfahren

Beiblatt 1 Beispiel für die Durchführung nach dem Graupa-
sten-Verfahren

DIN 55983 Prüfung von Pigmenten; Vergleich der Farbe von Weißpigmenten in Purton-Systemen

DIN 55984 Prüfung von Pigmenten; Bestimmung eines Deckvermögenswertes von weißen und hellgrauen Medien

Beiblatt 1 Beispiel für die Durchführung eines Verfahrens mit einem weißen Alkydharzlack

Beiblatt 2 Beispiel für die Durchführung des Verfahrens mit einer weichmacherhaltigen Polyvinylchlorid(PVC-P)-Folie

DIN 55985 Prüfung von Pigmenten

(Teil 1) Vergleich der Farbe von Buntpigmenten in Purton-Systemen

Teil 2 Vergleich der Farbe von Pigmenten in Purton-Systemen; Schwarzpigmente

DIN 55986 Prüfung von Pigmenten; Bestimmung der relativen Farbstärke und des Restfarbabstandes in Weißaufhellungen; Farbmetrisches Verfahren

DIN 55987 Prüfung von Pigmenten; Bestimmung eines Deckvermögenswertes pigmentierter Medien; Farbmetrisches Verfahren

DIN 55988 Bestimmung der Transparenzzahl (Lasur) von pigmentierten und unpigmentierten Systemen; Farbmetrische Verfahren

DIN 56905 Veranstaltungstechnik, Bühnenbeleuchtung - Zweipolige Bühnensteckvorrichtungen 63 A, ~ 250 V, 50/60 Hz

DIN 56920 Theatertechnik

Teil 1 Begriffe für Theater- und Bühnenarten

Teil 2 Begriffe für Theatergebäude

Teil 3 Begriffe für bühnentechnische Einrichtungen

Teil 4 Begriffe für beleuchtungstechnische Einrichtungen

Teil 5 Begriffe für elektrische Installationen

DIN 56921 Theatertechnik, Bühnenmaschinerie - Prospektzüge

Teil 1 Handkonterzüge mit einer Tragfähigkeit bis 500 kg

DIN 56922 Theatertechnik, Bühnenbetrieb; Theater-Bohrer (Bühnenbohrer)

DIN 56923 Theatertechnik, Bühnenbetrieb; Geschlagene Steckscharniere

DIN 56924 Kabinen für Simultanübertragung

Teil 1 ortsfest

Teil 2 transportabel

DIN 56926 Theatertechnik, Bühnenbetrieb - Schnellverbindungsglied mit Überwurfmutter - Maße, Anforderungen und Prüfung

DIN 56927 Theatertechnik, Bühnenbetrieb - Sicherungsseil für zu sichernde Gegenstände bis 60 kg Eigengewicht - Maße, sicherheitstechnische Anforderungen und Prüfung

DIN 56930 Bühnentechnik - Bühnenlichtstellsysteme

Teil 1 Begriffe, Anforderungen

Teil 2 Steuersignale

DIN 56950 Veranstaltungstechnik - Maschinentechnische Einrichtungen - Sicherheitstechnische Anforderungen und Prüfungen

DIN 56955 Veranstaltungstechnik - Lastannahmen in Bühnen und Nebenbereichen - Verkehrslasten

DIN 57510 VDE-Bestimmung für Akkumulatoren und Batterie-Anlagen

DIN 58122 Größen, Einheiten, Formelzeichen; Übersicht für den Unterricht

Beiblatt 1 Erläuterungen für den Unterricht

DIN 58124 Schulranzen - Anforderungen und Prüfung

DIN 58220 Sehschärfebestimmung

Teil 3 Prüfung für Gutachten

Teil 5 Allgemeiner Sehtest (wird verwendet für arbeitsmedizinische Untersuchungen nach den berufsgenossenschaftlichen Grundsätzen G 25, G 26 und G 37)

Teil 6 Straßenverkehrsbezogener Sehtest

Teil 7 Mesopisches Kontrastsehen, ohne und mit Blendung, für straßenverkehrsbezogene Testung (Entwurf)

DIN 58600 Atemschutzgeräte – Steckverbindung zwischen Lungenautomat für Pressluftatmer in Überdruck-Ausführung und Atemanschluss für die deutschen Feuerwehren

DIN 59145 Federstahl, warmgewalzt, mit halbkreisförmigen Schmalseiten; 1.2004 ersetzt durch DIN EN 10092-1

DIN 59146 Federstahl, warmgewalzt, mit rechteckigem Querschnitt und gerundeten Kanten für Blattfedern; 1.2004 ersetzt durch DIN EN 10092-1

DIN 59200 Flacherzeugnisse aus Stahl - Warmgewalzter Breitflachstahl - Maße, Masse, Grenzabmaße, Formtoleranzen und
Grenzabweichungen der Masse

DIN 59220 Flacherzeugnisse aus Stahl - Warmgewalztes Blech mit
Mustern - Maße, Gewichte, Grenzabmaße, Formtoleranzen
und Grenzabweichungen der Masse

DIN 59410 Hohlprofile für den Stahlbau, Warmgefertigte quadratische und rechteckige Stahlrohre, Maße, Gewichte, zul. Abweichungen, 12.1997 ersetzt durch DIN EN 10210-2

DIN 59411 Hohlprofile für den Stahlbau; Kaltgefertigte geschweißte
quadratische und rechteckige Stahlrohre; Maße, Gewichte,
zulässige Abweichungen, 12.1997 ersetzt durch DIN EN
10219-2

DIN 59413 Kaltprofile aus Stahl, Zulässige Maß-, Form und Gewichts-
abweichungen, 12.2003 ersetzt durch DIN EN 10162

DIN 60000–69999

DIN 60000 Textilien – Grundbegriffe

DIN 60001 Textile Faserstoffe

DIN 60455 Kennzeichnung der Anschlüsse elektrischer Betriebsmittel

DIN 60905 Tex-System

> Teil 1 Grundlagen

> Teil 3 Rundung errechneter Feinheiten

DIN 60917 Wirk- und Strickmaschinen; Vergleich von Feinheiten und Nadelteilungen (ungültig)

DIN 61010 Textilien - Möbelstoffe für den Wohnbereich

DIN 61506 Einteilige Arbeitsanzüge für Herren; Kombinationen und Kesselanzüge

DIN 61512 Arbeitslatzhosen für Herren

DIN 61513 Arbeitslatzhosen für Damen

DIN 61535 Arbeitsmäntel für Herren; Kurz- und Langform

> Teil 1 Mindestanforderungen und Prüfungen (Vorschlag für eine Europäische Norm), 3.2004 ersetzt durch DIN EN 14465

DIN 65220, Luft- und Raumfahrt - Anniet-Mutternleisten mit selbstsichernden Muttern mit MJ-Gewinde - Mutternteilung vorgegeben oder wahlweise Leiste aus Aluminium; Klasse: 1100 MPa/120 °C

DIN 66000 Informationsverarbeitung; Mathematische Zeichen und Symbole der Schaltalgebra

DIN 66001 Sinnbilder für Datenflusspläne und Programmablaufpläne

DIN 66002 Handschriftliche Darstellung der Ziffer 0 und des Großbuchstaben O

DIN 66003 Informationsverarbeitung, 7-Bit-Code

DIN 66004 Codierung auf Datenträgern; Darstellung des 7-Bit-Code und des 8-Bit-Code auf Lochkarten

DIN 66005 Platzsparende Darstellung von rein numerischen Daten auf mit 9 Spuren beschriebenem Magnetband 12

DIN 66006 Darstellung von ALGOL/ALCOR-Programmen auf Lochstreifen und Lochkarten

DIN 66007 Schrift CMC 7 für die maschinelle magnetische Zeichenerkennung, 12.1999 ersetzt durch DIN ISO 1004

DIN 66008 Schrift A für die maschinelle optische Zeichenerkennung

DIN 66009 Schrift B für die maschinelle optische Zeichenerkennung

DIN 66020 Schnittstellen in Fernsprechnetzen

DIN 66021 Datenübertragung

DIN 66025 Programmaufbau für NC-Maschinen

DIN 66027 FORTRAN

DIN 66075 Einrichtungen für die Gastronomie

DIN 66111 Sedimentationsanalyse, Grundlagen

DIN 66118 Sichtanalyse, Grundlagen

DIN 66137 Bestimmung der Dichte fester Stoffe

    Teil 1 Grundlagen

    Teil 2 Gaspyknometrie

    Teil 3 Gasauftriebsverfahren

DIN 66143 Darstellung von Korn-(Teilchen-)größenverteilungen - Potentenznetz

DIN 66144 Darstellung von Korn-(Teilchen-)größenverteilungen - Logarithmisches Normalverteilungsnetz

DIN 66145 Darstellung von Korn-(Teilchen-)größenverteilungen - RRSB-Netz

DIN 66160 Messen disperser Systeme, Begriffe

DIN 66161 Partikelgrößenanalyse, Formelzeichen, Einheiten

DIN 66165 Partikelgrößenanalyse, Siebanalyse

    Teil 1 Grundlagen

    Teil 2 Durchführung

DIN 66201 Prozeßrechensysteme

    Teil 1 Begriffe; 7.1998 ersetzt durch DIN V 19233

DIN 66215 CLDATA

DIN   66230 Informationsverarbeitung;   Programmdokumentation,
6.2004 ohne Ersatz zurückgezogen

DIN 66231 Informationsverarbeitung; Programmentwicklungsdoku-
mentation, 6.2004 ohne Ersatz zurückgezogen

DIN 66232 Informationsverarbeitung; Datendokumentation, 6.2004
ohne Ersatz zurückgezogen

DIN 66234 Bildschirmarbeitsplätze

Teil 1 Geometrische Gestaltung der Schriftzeichen, 2.1998 ersetzt durch DIN EN 29241-3

Teil 2 Wahrnehmbarkeit von Zeichen auf Bildschirmen,
2.1998 ersetzt durch DIN EN 29241-3

Teil 3 Gruppierung und Formatierung von Daten, 2.1998 ohne Ersatz zurückgezogen

Teil 3 Beiblatt 1 Gruppierung und Formatierung von Daten;
Hinweise und Beispiele, 2.1998 ohne Ersatz zurückgezogen

Teil 5 Codierung von Information, 2.1998 ersetzt durch DIN
EN 29241-3

Teil 5 Beiblatt 1 Codierung von Information, Verwendung von
Grafik, 2.1998 ohne Ersatz zurückgezogen

Teil 5 Beiblatt 2 Codierung von Information, Farbkombina-
tionen, 2.1998 ohne Ersatz zurückgezogen

Teil 6 Gestaltung des Arbeitsplatzes, 4.2002 ersetzt durch
DIN EN 29241-3

Teil 6 Beiblatt 1 Gestaltung des Arbeitsplatzes, Beispiele, 4.2002 ohne Ersatz zurückgezogen

Teil 7 Ergonomische Gestaltung des Arbeitsraums - Beleuchtung und Anordnung, 4.2002 ersetzt durch DIN EN 29241-3

Teil 8 Grundsätze ergonomischer Dialoggestaltung, 7.1996 ersetzt durch DIN EN ISO 9241-10

Teil 9 Meßverfahren, 2.1998 ersetzt durch DIN EN 29241-3

Teil 10 Mindestangaben für Bildschirmgeräte, 8.2001 ohne Ersatz zurückgezogen

DIN 66241 Informationsverarbeitung; Entscheidungstabelle, Beschreibungsmittel

DIN 66253 Informationstechnik - Programmiersprache PEARL

Teil 2 PEARL 90

Teil 3 Mehrrechner-PEARL

DIN 66255 PL/I

DIN 66256 PASCAL

DIN 66257 Begriffe für NC-Maschinen

DIN 66258 Schnittstellen für die Datenübertragung

DIN 66261 Nassi-Shneiderman-Diagramm, eine Entwurfsmethode für die strukturierte Programmierung

DIN 66264 Mehrprozessor-Steuersystem (MPST)

DIN 66265 Schnittstellen eines Kerns für transaktionsorientierte Anwendungssysteme (KDCS-TAS-Kern); die Abkürzung KDCS steht dabei für „Kompatible Datenkommunikations-Schnittstelle"

DIN 66271 Software-Fehler und ihre Beurteilung durch Lieferanten und Kunden

DIN 66272 Bewerten von Softwareprodukten – Qualitätsmerkmale und Leitfaden zu ihrer Verwendung

DIN 66273 Informationsverarbeitung; Messung und Bewertung der Leistung von DV-Systemen

Teil 1 Meß- und Bewertungsverfahren

Teil 1 Beiblatt 1 Meß- und Bewertungsverfahren; Einführung in das Verfahren

Teil 2 Normlast Typ A

Teil 3 Normlast Typ B

Teil 4 Normlast Typ C

DIN 66285 Anforderungen an Standardsoftware (u. a. Funktionalität, Effizienz, Änderbarkeit)

DIN 66291 Chipkarten mit Digitaler Signatur-Anwendung/Funktion nach SigG/SigV

Teil 1 Anwendungsschnittstelle

Teil 2 Personalisierungsdienste

Teil 3 Personalisierungskommandos

Teil 4 Grundlegende Sicherheitsdienste

DIN 66303 Informationstechnik, 8-Bit-Code

DIN 66304 Rechner unterstütztes Konstruieren

DIN 66349 Schnittstelle für die parallele Meßdatenübermittlung; BCD-Schnittstelle

DIN 67500 Beleuchtung von Schleusenanlagen; Anforderungen, Berechnung und Messung

DIN 67510 Langnachleuchtende Pigmente und Produkte

    Teil 1 Messung und Kennzeichnung beim Hersteller

    Teil 2 Messung von langnachleuchtenden Produkten am Ort der Anwendung

    Teil 3 Bodennahes langnachleuchtendes Sicherheitsleitsystem

    Teil 4 Produkte für langnachleuchtendes Sicherheitsleitsystem; Markierungen und Kennzeichnungen

DIN 67519 Aktinität im optischen Bereich; Begriff, Messung, Anwendung

DIN 67523 Beleuchtung von Fußgängerüberwegen (Zeichen 293 StVO) mit Zusatzbeleuchtung

    Teil 1 Allgemeine Gütemerkmale und Richtwerte

    Teil 2 Berechnung und Messung

DIN 67524 Beleuchtung von Straßentunneln und Unterführungen

Teil 1 Allgemeine Gütemerkmale und Richtwerte

Teil 2 Berechnung und Messung

DIN 67526 Sportstättenbeleuchtung

Teil 3 Richtlinien für die Beleuchtung mit Tageslicht

DIN 67527 Lichttechnische Eigenschaften von Signallichtern im Verkehr

Teil 1 Ortsfeste Signallichter im Straßenverkehr

DIN 67530 Reflektometer als Hilfsmittel zur Glanzbeurteilung an ebenen Anstrich- und Kunststoff-Oberflächen

DIN 68140 Keilzinkenverbindungen von Holz

Teil 1 Keilzinkenverbindungen von Nadelholz für tragende Bauteile, ersatzlos zurückgezogen

DIN 68150 Holzdübel

Teil 1 Maße, Technische Lieferbedingungen

DIN 68762 Spanplatten für Sonderzwecke im Bauwesen; Begriffe, Anforderungen, Prüfung

DIN 68764 Spanplatten; Strangpreßplatten für das Bauwesen

Teil 1 Begriffe, Eigenschaften, Prüfung, Überwachung, 7.2007 ohne Ersatz zurückgezogen

Teil 2 Beplankte Strangpreßplatten für die Tafelbauart, 7.2007 ohne Ersatz zurückgezogen

DIN 68800 Holzschutz

DIN 68858 Möbelschlösser und -beschläge, Auszugführungen, Schubkästen und Auszüge, Anforderungen und Prüfung

DIN 68861 Möbeloberflächen

Teil 1: Verhalten bei chemischer Beanspruchung

Teil 2: Verhalten bei Abriebbeanspruchung

Teil 4: Verhalten bei Kratzbeanspruchung

Teil 6: Verhalten bei Zigarettenglut

Teil 7: Verhalten bei trockener Hitze

Teil 8: Verhalten bei feuchter Hitze

DIN 69901 Projekt und Projektmanagement

DIN 69905 Projektwirtschaft - Projektabwicklung - Begriffe

DIN 70000–99999

DIN 70000 Straßenfahrzeuge; Fahrzeugdynamik und Fahrverhalten; Begriffe

DIN 70010 Systematik der Straßenfahrzeuge; Begriffe für Kraftfahrzeuge, Fahrzeugkombinationen und Anhängefahrzeuge

DIN 70011 Aufbauten für Personenkraftwagen; Benennungen und Begriffe

DIN 70020 Kraftfahrzeugbau; Allgemeine Begriffe; Festlegung und Erläuterung

Teil 1: Personenkraftwagen; Begriffe, Grundlagen, Bestimmungen, Maßkurzzeichen, 10.2005 ersatzlos zurückgezogen

Teil 2: Gewichte, 1.2006 ersatzlos zurückgezogen

Teil 3: Höchstgeschwindigkeit, Beschleunigung; Verschiedenes, Begriffe, Prüfbedingungen

Teil 5: Reifen und Räder, Begriffe und Meßbedingungen

Teil 6: Leistungen, 4.1997 ersetzt durch DIN ISO 1585

Teil 7: Motorgewichte

DIN 71405 Zischventile, Zischhähne; Anschlußmaße; Kraftfahrzeugbau

DIN 71412 Kegelschmiernippel (früher Kegelwulstschmierköpfe)

DIN 71420 Zentralschmierung; Übersicht

DIN 72552 Klemmenbezeichnung in Kraftfahrzeugen

Teil 1 Zweck, Grundsätze, Anforderungen

Teil 2 Bedeutungen

Teil 3 Anwendungsbeispiele in Anschlußplänen

Teil 4 Übersicht

Teil 5 System- und Funktionsbezeichnungen, (zurückgezogener Entwurf)

DIN 72609 Aufbau-Scheinwerfer; mit Kugelfuß und Aufsteckfuß (ungültig)

DIN 72616 Rückstrahler (ungültig)

DIN 72616 Runde Rückstrahler

DIN 72701 Hörner, ungültig

DIN 72701 Akustische Signalgeber; Aufschlag-Hörner für Kleinspannungen

DIN 72758 Abblendschalter

Teil 1 Elektrischer Abblendschalter; ohne und mit Horndruckknopf für Motorfahrräder und Krafträder (ungültig)

Teil 2 Mechanischer Abblendschalter; ohne und mit Horndruckknopf für Motorfahrräder und Krafträder (ungültig)

Teil 3 Fuß-Abblendschalter zum Auf- und Unterschrauben (ungültig)

DIN 72759 Bremslichtschalter

> Teil 1 Bremslicht-Drehschalter. (ungültig)

> Teil 2 Bremslichtschalter, mechanisch, bis 24V Nennspannung

> Teil 3 Hydraulischer Bremslichtschalter. zurückgezogen 9.1990 (ungültig)

> Teil 5 Bremslichtschalter, pneumatisch

> Teil 6 Bremslichtschalter, hydraulisch mit metrischem ISO-Gewinde M12×1

DIN 73021 Bezeichnung der Drehrichtung, der Zylinder und der Zündleitungen von Kraftahrzeugmotoren

DIN 73378 Rohre aus Polyamid für Kraftfahrzeuge

DIN 73411 Kühlmittelleitungen in Kraftfahrzeugen - Schläuche und Schlauchbogen

> Teil 1 Maße, Werkstoffe, Kennzeichnung

> Teil 2 Anforderungen, Prüfung

DIN 74074 Satteldecken

> Teil 1 Satteldecken für Motorfahrräder

> Teil 2 Satteldecken von Fahrer- und Beifahrersätteln für Krafträder

DIN 74704 Schlangen-Ventilkörper

DIN 75079 Notarzt-Einsatzfahrzeuge (NEF) - Begriffe, Anforderungen, Prüfung

DIN 77200 Sicherungsdienstleistungen – Anforderungen

DIN 77700 Lohnsteuerhilfe-Dienstleistungen

DIN 77800 Qualitätsanforderungen an Anbieter der Wohnform Betreutes Wohnen für ältere Menschen

DIN 79012 Gewinde für Fahrräder und Mopeds - Theoretische Werte, Gewindegrenzmaße (Entwurf)

DIN 79105 BMX-Fahrräder; Begriffe, Sicherheitstechnische Anforderungen, Prüfungen,

DIN 81208 Manövrieren von Schiffen

Teil 1: Allgemeine Begriffe, Größen und Versuchsbedingungen

Teil 2: Auslaufversuch

Teil 3: Ausschwingversuch

Teil 4: Beschleunigungsversuch

Teil 5: Drehkreisversuch

Teil 6: Drehversuch aus dem Stillstand

Teil 7: Rückwärtsfahrversuch

Teil 8: Schlängelversuch (Z-Versuch)

Teil 9: Sinusversuch

Teil 3 Schwere Bauart

Teil 4 Halter (Entwurf)

DIN 86008 Stahlrohre für Schiffsrohrleitungen

Teil 1 Auswahl und Übersicht nahtloser und geschweißter Rohre, 1.1998 ersatzlos zurückgezogen

Teil 2 Auswahl und Übersicht nahtloser und geschweißter Präzisionsstahlrohre, 1.1998 ersatzlos zurückgezogen

DIN 68800 Holzschutz

Teil 1 Allgemeines

Teil 2 Vorbeugende bauliche Maßnahmen im Hochbau

Teil 3 Vorbeugender Schutz von Holz mit Holzschutzmitteln

Teil 4 Bekämpfungs- und Sanierungsmaßnahmen gegen Holz zerstörende Pilze und Insekten

Teil 5 Vorbeugender chemischer Schutz von Holzwerkstoffen

DIN 92111 Richtlinien für Tropenprüfungen

DIN 96110 Medizinische Instrumente - Technische Spezifikation für Belegmuster

DIN EN 1–9999

DIN EN 1 Heizöfen für flüssige Brennstoffe mit Verdampfungsbrennern und Schornsteinanschluss

DIN EN 2 Brandklassen

DIN EN 3 Tragbare Feuerlöscher

DIN EN 31 Bodenstehende Waschtische - Anschlußmaße

DIN EN 32 Wandhängende Waschtische - Anschlußmaße

DIN EN 33 Bodenstehende Klosettbecken mit aufgesetztem Spülkasten - Anschlussmaße

DIN EN 34 Klosettbecken, wandhängend mit aufgesetztem Spülkasten - Anschlussmaße

DIN EN 35 Bodenstehende Sitzwaschbecken mit Zulauf von oben - Anschlussmaße

DIN EN 36 Wandhängende Sitzwaschbecken mit Zulauf von oben - Anschlußmaße

DIN EN 37 Bodenstehende Klosettbecken mit freiem Zulauf - Anschlußmaße

DIN EN 38 Klosettbecken wandhängend mit freiem Zulauf - Anschlußmaße

DIN EN 71 Sicherheit von Spielzeug

Teil 1 Mechanische und physikalische Eigenschaften

Teil 2 Entflammbarkeit

Teil 3 Migration bestimmter Elemente

Teil 4 Experimentierkästen für chemische und ähnliche Versuche

Teil 5 Chemisches Spielzeug (Sets) ausgenommen Experimentierkästen

Teil 6 Graphisches Symbol zur Kennzeichnung mit einem altersgruppenbezogenen Warnhinweis

Teil 7 Fingermalfarben; Anforderungen und Prüfverfahren

Teil 8 Schaukeln, Rutschen und ähnliches Aktivitätsspielzeug für den häuslichen Gebrauch (Innen- und Außenbereich)

Teil 9 Organisch-chemische Verbindungen - Anforderungen

Teil 10 Organisch-chemische Verbindungen - Probenvorbereitung und Extraktion

Teil 11 Organisch-chemische Verbindungen - Analysenverfahren

DIN EN 80 Wandhängende Urinale - Anschlussmaße

DIN EN 88 Druckregler und zugehörige Sicherheitseinrichtungen für Gasgeräte

Teil 1 Druckregler für Eingangsdrücke bis einschließlich 50 kPa

Teil 2 Druckregler für Eingangsdrücke über 500 mbar bis einschließlich 5 bar

DIN EN 89 Gasbeheizte Vorrats-Wasserheizer für den sanitären Gebrauch

DIN EN 111 Wandhängende Handwaschbecken - Anschlussmaße

DIN EN 115 Sicherheit von Fahrtreppen und Fahrsteigen

Teil 1 Konstruktion und Einbau

DIN EN 125 Flammenüberwachungseinrichtungen für Gasgeräte – Thermoelektrische Zündsicherungen

DIN EN 126 Mehrfachstellgeräte für Gasgeräte

DIN EN 161 Automatische Absperrventile für Gasbrenner und Gasgeräte

DIN EN 166 Persönlicher Augenschutz

DIN EN 200 Sanitärarmaturen - Auslaufventile und Mischbatterien (PN 10) - Allgemeine technische Spezifikationen

DIN EN 228 Kraftstoffe für Kraftfahrzeuge - Unverbleite Ottokraftstoffe - Anforderungen und Prüfverfahren

DIN EN 230 Feuerungsautomaten für Ölbrenner

DIN EN 232 Badewannen - Anschlussmaße

DIN EN 250 Atemgeräte - Autonome Leichttauchgeräte mit Druckluft - Anforderungen, Prüfung, Kennzeichnung

DIN EN 251 Duschwannen; Anschlussmaße

DIN EN 257 Mechanische Temperaturregler für Gasgeräte

DIN EN 267 Automatische Brenner mit Gebläse für flüssige Brennstoffe

DIN EN 294 Sicherheitsabstände gegen das Erreichen von Gefahrenstellen mit den oberen Gliedmaßen, 6.2008 ersetzt durch DIN EN ISO 13857

DIN EN 297 Heizkessel für gasförmige Brennstoffe - Heizkessel der Art B mit atmosphärischen Brennern, mit einer Nennwärmebelastung kleiner als oder gleich 70 kW

DIN EN 298 Feuerungsautomaten für Gasbrenner und Gasgeräte mit oder ohne Gebläse

DIN EN 299 Öldruckzerstäuberdüsen

DIN EN 334 Gas-Druckregelgeräte für Eingangsdrücke bis 100 bar

DIN EN 344 Sicherheits-, Schutz- und Berufsschuhe für den gewerblichen Gebrauch

Teil 1 Anforderungen und Prüfverfahren, 10.2004 ersetzt durch DIN EN ISO 20344 ... DIN EN ISO 20347

Teil 2 Zusätzliche Anforderungen und Prüfverfahren, 10.2004 ersetzt durch DIN EN 15090, DIN EN ISO 20344 und DIN EN ISO 17249

DIN EN 345 Sicherheitsschuhe für den gewerblichen Gebrauch

Teil 1 Spezifikation, 10.2004 ersetzt durch DIN EN ISO 20345

Teil 2 Zusätzliche Spezifikation, 10.2004 ersetzt durch DIN EN 15090, DIN EN ISO 20345 und DIN EN ISO 17249

DIN EN 346 Schutzschuhe für den gewerblichen Gebrauch

Teil 1 Spezifikation, 10.2004 ersetzt durch DIN EN ISO 20346

Teil 2 Zusätzliche Spezifikation, 10.2004 ersetzt durch DIN EN ISO 20346

DIN EN 347 Berufsschuhe für den gewerblichen Gebrauch

Teil 1 Spezifikation, 10.2004 ersetzt durch DIN EN ISO 20345

Teil 2 Zusätzliche Spezifikation, 10.2004 ersetzt durch DIN EN ISO 20347

DIN EN 352 Gehörschützer

DIN EN 353 Persönliche Schutzausrüstung gegen Absturz

Teil 1 Steigschutzeinrichtungen einschließlich fester Führung

Teil 2 Mitlaufende Auffanggeräte einschließlich beweglicher Führung

DIN EN 354 Persönliche Schutzausrüstung gegen Absturz - Verbindungsmittel

DIN EN 355 Persönliche Schutzausrüstung gegen Absturz - Falldämpfer

DIN EN 356 Glas im Bauwesen - Sicherheitssonderverglasungen - Durchschusshemmende Verglasung

DIN EN 360 Persönliche Schutzausrüstung gegen Absturz - Hörsicherungsgeräte

DIN EN 361 Persönliche Schutzausrüstung gegen Absturz - Auffanggurte

DIN EN 362 Persönliche Schutzausrüstung gegen Absturz - Verbindungselemente

DIN EN 363 Persönliche Schutzausrüstung gegen Absturz - Persönliche Absturzsysteme

DIN EN 364 Persönliche Schutzausrüstung gegen Absturz - Prüfverfahren

DIN EN 365 Persönliche Schutzausrüstung gegen Absturz - Allgemeine Anforderungen an Gebrauchsanleitungen, Wartung, regelmäßige Überprung, IH, Kennzeichnung und Verpackung

DIN EN 378 Kälteanlagen und Wärmepumpen - Sicherheitstechnische und umweltrelevante Anforderungen

Teil 1 Grundlegende Anforderungen, Begriffe, Klassifikationen und Auswahlkriterien

Teil 2 Konstruktion, Herstellung, Prüfung, Kennzeichnung und Dokumentation

Teil 3 Aufstellungsort und Schutz von Personen

Teil 4 Betrieb, Instandhaltung, Instandsetzung und Rückgewinnung

DIN EN 385 Keilzinkenverbindungen im Bauholz - Leistungsanforderungen und Mindestanforderungen an die Herstellung

DIN EN 388 Schutzhandschuhe gegen mechanische Risiken

DIN EN 418 Sicherheit von Maschinen, NOT-AUS-Einrichtung, funktionelle Aspekte, Gestaltungsleitsätze

DIN EN 437 Prüfgase – Prüfdrücke – Gerätekategorien

DIN EN 443 Feuerwehrhelme

DIN EN 457 Sicherheit von Maschinen; Akustische Gefahrensignale

DIN EN 458 Gehörschützer - Empfehlungen für Auswahl, Einsatz, Pflege und Instandhaltung

DIN EN 469 Schutzkleidung für die Feuerwehr - Leistungsanforderungen für Schutzkleidung für die Brandbekämpfung

DIN EN 470 Schutzkleidung für Schweißen und verwandte Verfahren

Teil 1 Allgemeine Anforderungen

DIN EN 471 Warnkleidung - Prüfverfahren und Anforderungen

DIN EN 483 Heizkessel für gasförmige Brennstoffe - Heizkessel des Typs C mit einer Nennwärmebelastung gleich oder kleiner als 70 kW

DIN EN 485 Aluminium und Aluminiumlegierungen - Bänder, Bleche und Platten

Teil 1 Technische Lieferbedingungen

Teil 2 Mechanische Eigenschaften

Teil 3 Grenzabmaße und Formtoleranzen für warmgewalzte Erzeugnisse

Teil 4 Grenzabmaße und Formtoleranzen für kaltgewalzte Erzeugnisse

DIN EN 513 Profile aus weichmacherfreiem Polyvinylchlorid (PVC-U) zur Herstellung von Fenstern und Türen - Bestimmung der

Wetterechtheit und Wetterbeständigkeit durch künstliche Bewitterung

DIN EN 515 Aluminium und Aluminiumlegierungen; Halbzeug; Bezeichnungen der Werkstoffzustände

DIN EN 546 Aluminium und Aluminiumlegierungen - Folien

Teil 1 Technische Lieferbedingungen

Teil 2 Mechanische Eigenschaften

Teil 3 Grenzabmaße

Teil 4 Besondere Eigenschaftsanforderungen

DIN EN 590 Kraftstoffe für Kraftfahrzeuge - Dieselkraftstoff - Anforderungen und Prüfverfahren

DIN EN 601 Aluminium und Aluminiumlegierungen - Gussstücke - Chemische Zusammensetzung von Gussstücken, die in Kontakt mit Lebensmitteln kommen

DIN EN 602 Aluminium und Aluminiumlegierungen - Kneterzeugnisse - Chemische Zusammensetzung von Halbzeug für die Herstellung von Erzeugnissen, die in Kontakt mit Lebensmitteln kommen

DIN EN 640 Stahlbetondruckrohre und Betondruckrohre mit verteilter Bewehrung (ohne Blechmantel), einschließlich Rohrverbindungen und Formstücke

DIN EN 656 Heizkessel für gasförmige Brennstoffe - Heizkessel des Typs B mit einer Nennwärmebelastung größer als 70 kW aber gleich oder kleiner als 300 kW

DIN EN 673 Glas im Bauwesen - Bestimmung des Wärmedurch-
gangskoeffzienten (U-Wert) - Berechnungsverfahren

DIN EN 676 Automatische Brenner mit Gebläse für gasförmige Brennstoffe

DIN EN 695 Küchenspülen - Anschlussmaße

DIN EN 733 Kreiselpumpen mit axialem Eintritt PN 10 mit Lagerträ-
ger - Nennleistung, Hauptmaße, Bezeichnungssystem

DIN EN 746 Industrielle Thermoprozeßanlagen

Teil 1 Allgemeine Sicherheitsanforderungen an industrielle
Thermoprozeßanlagen

Teil 2 Sicherheitsanforderungen an Feuerungen und Brenn-
stoffführungssysteme

Teil 3 Sicherheitsanforderungen für die Erzeugung und Anwendung von Schutz- und Reaktionsgasen

Teil 4 Besondere Sicherheitsanforderungen an Feuerverzin-
kungsanlagen

Teil 5 Besondere Sicherheitsanforderungen an Salzbad-
Wärmebehandlungseinrichtungen und -anlagen

Teil 6 Besondere Sicherheitsanforderungen an Anlagen der
Flüssigphasenbehandlung (Entwurf)

Teil 7 Besondere Sicherheitsanforderungen an Vakuum-
Thermoprozeßanlagen (Entwurf)

Teil 8 Besondere Sicherheitsanforderungen an Abschreckan-
lagen

DIN EN 751 Dichtmittel für metallene Gewindeverbindungen in Kontakt mit Gasen der 1., 2. und 3. Familie und Heißwasser

Teil 1 Anaerobe Dichtmittel

Teil 2 Nichtaushärtende Dichtmittel

Teil 3 Ungesinterte PTFE-Bänder

EN 806 Technische Regeln für Trinkwasser-Installationen (TRWI)

Teil 1: Allgemeine

Teil 2: Planung

Teil 3: Berechnung der Rohrinnendurchmesser

Teil 4: Installation

Teil 5: Betrieb und Wartung

DIN EN 752 Entwässerungsanlagen außerhalb von Gebäuden

DIN EN 795 Schutz gegen Absturz - Anschlageinrichtungen - Anforderungen und Prüfverfahren

DIN EN 832 Wärmetechnisches Verhalten von Gebäuden - Berechnung des Heizenergiebedarfs - Wohngebäude

DIN EN 834 Heizkostenverteiler für die Verbrauchswerterfassung von Raumheizflächen - Geräte mit elektrischer Energieversorgung

DIN EN 835 Heizkostenverteiler für die Verbrauchswerterfassung von Raumheizflächen - Geräte ohne elektrische Energieversorgung nach dem Verdunstungsprinzip

DIN EN 997 Klosettbecken mit angeformtem Geruchsverschluss

DIN EN 998 Festlegungen für Mörtel im Mauerwerk

    Teil 1 Putzmörtel

    Teil 2 Mauermörtel

DIN EN 1001 Dauerhaftigkeit von Holz und Holzprodukten - Terminologie

    Teil 1 Liste äquivalenter Fachausdrücke

    Teil 2 Vokabular

DIN EN 1021 Möbel - Bewertung der Entzündbarkeit von Polstermöbeln

    Teil 1 Glimmende Zigarette als Zündquelle

    Teil 2 Eine einem Streichholz vergleichbare Gasflamme als Zündquelle

DIN EN 1041 Bereitstellung von Informationen durch den Hersteller von Medizinprodukten

DIN EN 1045 Hartlöten - Flußmittel zum Hartlöten - Einteilung und technische Lieferbedingungen

DIN EN 1050 Sicherheit von Maschinen, Leitsätze zur Risikobeurteilung, 12.2007 ersetzt durch DIN EN ISO 14121-1

DIN EN 1053 Kunststoff-Rohrleitungssysteme - Rohrleitungssysteme aus Thermoplasten für drucklose Anwendungen - Prüfverfahren auf Wasserdichtheit

DIN EN 1101 Textilien - Brennverhalten von Vorhängen und Gardinen - Detailiertes Verfahren zur Bestimmung der Entzündbarkeit von vertikal angeordneten Proben (kleine Flame)

DIN EN 1102 Textilien - Brennverhalten von Vorhängen und Gardinen - Detailiertes Verfahren zur Bestimmung der Flammenausbreitungseigenschaften vertikal angeordneter Proben

DIN EN 1125 Schlösser und Baubeschläge, Paniktürverschlüsse mit horizontaler Betätigungsstange für Türen in Rettungswegen, Anforderungen und Prüfverfahren

DIN EN 1244 Klebstoffe - Bestimmung der Farbe und/oder Farbänderung von Klebaufstrichen unter Lichteinwirkung

DIN EN 1270 Spielfeldgeräte - Basketballgeräte - Funktionelle und sicherheitstechnische Anforderungen, Prüfverfahren

DIN EN 1315 Dimensions-Sortierung

    Teil 1: Laub-Rundholz

    Teil 2: Nadel-Rundholz

DIN EN 1316 Laub-Rundholz-Qualitätssortierung

    Teil 2 Pappel

DIN EN 1335 Büromöbel - Büro-Arbeitsstuhl

    Teil 1 Maße, Bestimmung der Maße

    Teil 2 Sicherheitsanforderungen

    Teil 3 Sicherheitsprüfungen

DIN EN 1337 Lager im Bauwesen

Teil 4 Rollenlager

DIN EN 1338 Pflastersteine aus Beton - Anforderungen und Prüfverfahren

DIN EN 1340 Bordsteine aus Beton - Anforderungen und Prüfverfahren

DIN EN 1341 Platten aus Naturstein für Außenbereiche - Anforderungen

DIN EN 1342 Pflastersteine aus Naturstein für Außenbereiche - Anforderungen und Prüfverfahren

DIN EN 1343 Bordsteine aus Naturstein für Außenbereiche - Anforderungen und Prüfverfahren

DIN EN 1348 Mörtel und Klebstoffe für Fliesen und Platten - Bestimmung der Haftfestigkeit zementhaltiger Mörtel für innen und außen

DIN EN 1530 Türblätter - Allgemeine und lokale Ebenheit - Toleranzklassen

DIN EN 1562 Temperguss

DIN EN 1610 Verlegung und Prüfung von Abwasserleitungen und -kanälen

DIN EN 1627 Fenster, Türen Abschlüsse - Einbruchhemmung - Anforderungen und Klassifikation

DIN EN 1643 Ventilüberwachungssysteme für automatische Absperrventile für Gasbrenner und Gasgeräte

DIN EN 1717 Schutz des Trinkwassers vor Verunreinigung in Trinkwasserinstallationen und allgemeine Anforderungen an Sicherheitseinrichtungen

DIN EN 1777 Hubrettungsfahrzeuge für Feuerwehren und Rettungsdienste, Hubarbeitsbühnen (HABn) - Sicherheitstechnische Anforderungen und Prüfung

DIN EN 1789 Rettungsdienstfahrzeuge und deren Ausrüstung - Krankenkraftwagen

DIN EN 1837 Sicherheit von Maschinen - Maschinenintegrierte Beleuchtung

DIN EN 1838 Angewandte Lichttechnik - Notbeleuchtung

DIN EN 1839 Bestimmung der Explosionsgrenzen von Gasen und Dämpfen

DIN EN 1841 Klebstoffe - Prüfverfahren für Klebstoffe für Boden- und Wandbeläge - Bestimmung der Maßänderung eines Linoleumbodenbelages im Kontakt mit einem Klebstoff

DIN EN 1854 Druckwächter für Gasbrenner und Gasgeräte

DIN EN 1860 Geräte, feste Brennstoffe und Anzündhilfen zum Grillen

Teil 1 Grillgeräte für feste Brennstoffe; Anforderungen und Prüfverfahren

Teil 2 Grill-Holzkohle und Grill-Holzkohlebriketts - Anforderungen und Prüfverfahren

Teil 3 Anzündhilfen für Grill-Holzkohle und Grillholzkohlebriketts; Anforderungen und Prüfverfahren

Teil 4 Grillgeräte für Einmalanwendung (Einweggrills) bei der Verwendung fester Brennstoffe, Anforderungen und Prüfverfahren

DIN EN 1925 Bestimmung des Wasseraufnahmekoeffizienten infolge Kapillarwirkung

DIN EN 1926 Bestimmung der Druckfestigkeit

DIN EN 1974 Nahrungsmittelmaschinen - Aufschnittschneidemaschinen - Sicherheits- und Hygieneanforderungen

DIN EN 1990 (Eurocode 0) Grundlagen der Tragwerksplanung

DIN EN 1991 (Eurocode 1) Einwirkungen auf Tragwerke

Teil 1 Allgemeine Einwirkungen

Teil 1-1 Wichten, Eigengewicht und Nutzlasten im Hochbau

Teil 1-2 Brandeinwirkungen auf Tragwerke

Teil 1-3 Schneelasten

Teil 1-4 Windlasten

Teil 1-5 Temperatureinwirkungen

Teil 1-6 Einwirkungen während der Bauausführung

Teil 1-7 Außergewöhnliche Einwirkungen

Teil 2 Verkehrslasten auf Brücken

Teil 3 Einwirkungen infolge von Kranen und Maschinen

Teil 4 Einwirkungen auf Silos und Flüssigkeitsbehälter

DIN EN 1992 (Eurocode 2) Bemessung und Konstruktion von Stahlbeton- und Spannbetontragwerken

Teil 1 Allgemeine Regeln

Teil 1-1 Allgemeine Bemessungsregeln und Regeln für den Hochbau

Teil 1-2 Tragwerksbemessung für den Brandfall

Teil 2 Betonbrücken - Bemessungs- und Konstruktionsregeln

Teil 3 Silos und Behälterbauwerke aus Beton

DIN EN 1993 (Eurocode 3) Bemessung und Konstruktion von Stahlbauten

Teil 1 Allgemeine Regeln

Teil 1-1 Allgemeine Bemessungsregeln und Regeln für den Hochbau

Teil 1-2 Tragwerksbemessung für den Brandfall

Teil 1-3 Ergänzende Regeln für kaltgeformte dünnwandige Bauteile und Bleche

Teil 1-4 Ergänzende Regeln zur Anwendung von nichtrostenden Stählen

Teil 1-5 Plattenförmige Bauteile

Teil 1-6 Festigkeit und Stabilität von Schalen

Teil 1-7 Plattenförmige Bauteile mit Querbelastung

Teil 1-8 Bemessung von Anschlüssen

Teil 1-9 Ermüdung

Teil 1-10 Stahlsortenauswahl im Hinblick auf Bruchzähigkeit und Eigenschaften in Dickenrichtung

Teil 1-11 Bemessung und Konstruktion von Tragwerken mit Zuggliedern aus Stahl

Teil 1-12 Zusätzliche Regeln zur Erweiterung von EN 1993 auf Stahlgüten bis S700

Teil 2 Stahlbrücken

Teil 3 Türme, Maste und Schornsteine

Teil 3-1 Türme und Maste

Teil 3-2 Schornsteine

Teil 4 Silos, Tankbauwerke und Rohrleitungen

Teil 4-1 Silos

Teil 4-2 Tankbauwerke

Teil 4-3 Rohrleitungen

Teil 5 Pfähle und Spundwände

Teil 6 Kranbahnen

DIN EN 1994 (Eurocode 4) Bemessung und Konstruktion von Verbundtragwerken aus Stahl und Beton

Teil 1 Allgemeine Regeln

Teil 1-1 Allgemeine Bemessungsregeln und Anwendungsregeln für den Hochbau

Teil 1-2 Tragwerksbemessung für den Brandfall

Teil 2 Allgemeine Bemessungsregeln und Anwendungsregeln für Brücken

DIN EN 1995 (Eurocode 5) Bemessung und Konstruktion von Holzbauten

Teil 1 Allgemeine Regeln

Teil 1-1 Allgemeine Regeln und Regeln für den Hochbau

Teil 1-2 Tragwerksbemessung für den Brandfall

Teil 2 Brücken

DIN EN 1996 (Eurocode 6) Bemessung und Konstruktion von Mauerwerksbauten

Teil 1 Allgemeine Regeln

Teil 1-1 Allgemeine Regeln für bewehrtes und unbewehrtes Mauerwerk

Teil 1-2 Tragwerksbemessung für den Brandfall

Teil 2 Planung, Auswahl der Baustoffe und Ausführung von Mauerwerk

Teil 3 Vereinfachte Berechnungsmethoden für unbewehrte Mauerwerksbauten

DIN EN 1997 (Eurocode 7) Berechnung und Bemessung in der Geotechnik, z.Z. Entwurf

Teil 1 Allgemeine Regeln

Teil 2 Erkundung und Untersuchung des Baugrunds

DIN EN 1998 (Eurocode 8) Auslegung von Bauwerken gegen Erdbeben

Teil 1 Grundlagen, Erdbebeneinwirkungen und Regeln für Hochbauten

Teil 2 Brücken

Teil 3 Beurteilung und Ertüchtigung von Gebäuden

Teil 4 Silos, Tankbauwerke und Rohrleitungen

Teil 5 Gründungen, Stützbauwerke und geotechnische Aspekte

Teil 7 fehlt noch

Teil 6 Türme, Maste und Schornsteine

Teil 1 Allgemeine Regeln

DIN EN 1999 (Eurocode 9) Berechnung und Bemessung von Aluminiumkonstruktionen

Teil 1 Allgemeine Regeln

Teil 1-1 Allgemeine Bemessungsregeln

Teil 1-2 Tragwerksbemessung für den Brandfall

Teil 1-3 Ermüdungsbeanspruchte Tragwerke

Teil 1-4 Kaltgeformte Profiltafeln

Teil 1-5 Schalentragwerke

Teil 2 Ermüdungsanfällige Tragwerke

DIN EN 2367 Luft- und Raumfahrt; Splinte aus Stahl EN 2573

DIN EN 3475 Luft- und Raumfahrt - Elektrische Leitungen für Luftfahrt,Verwendung - Prüfverfahren

Teil 100 Allgemeines

Teil 201 Sichtprüfung

Teil 202 Masse

Teil 203 Maße

Teil 301 Leiterwiderstand

Teil 302 Spannungsfestigkeit

Teil 303 Isolationswiderstand

Teil 304 Oberflächenwiderstand

Teil 305 Überlastbarkeit

Teil 306 Kontinuität des Leiters

Teil 701 Abisolierbarkeit und Haftfestigkeit der Isolierung auf dem Leiter

Teil 702 Zurückschiebbarkeit des Geflechtes

Teil 703 Haltbarkeit der Herstellerkennzeichnung

Teil 704 Biegsamkeit

Teil 705 Kontrastmessung

Teil 706 UV-Laser-Markierung

Teil 801 Betriebskapazität

Teil 802 Kapazitätsdifferenz

Teil 803 Kapazitätsabweichung

Teil 804 Ausbreitungsgeschwindigkeit

Teil 805 Wellenwiderstand

Teil 806 Dämpfung

Teil 807 Kupplungswiderstand

Teil 808 Nebensprechen

DIN EN 3476 Luft- und Raumfahrt – Stahl FE-PL1501 (30CrMo12) – Lufterschmolzen – Weichgeglüht – Schmiedevormaterial – a oder D ≤ 300 mm

DIN EN 3479 Luft- und Raumfahrt – Stahl FE-PM1802 (X5CrNiCu15-5) – Mit selbstverzehrender Elektrode umgeschmolzen – Lösungsgeglüht und ausgehärtet – Platten – 6 mm < a ≤ 20 mm – 1070 MPa ≤ Rm ≤ 1220 MPa

DIN EN 3480 Luft- und Raumfahrt – Stahl FE-PA3601 (X6CrNiTi18-10) – Lufterschmolzen – Weichgeglüht – Platten – 6 mm < a ≤ 50 mm – 500 MPa ≤ Rm ≤ 700 MPa

DIN EN 4108 Luft- und Raumfahrt - Ringschlüsseleinsätze, offen, verzahnt mit Innenvierkant

DIN EN 4219 Luft- und Raumfahrt - Sechskant-Hutmuttern, selbstsichernd mit Plastikhaube mit normaler Schlüsselweite aus korrosionsbeständigem Stahl

DIN EN 9200 Luft- und Raumfahrt - Programm-Management - Richtlinie für eine Projektmanagement-Spezifikation,

DIN EN 10000–19999

DIN EN 10001 Begriffsbestimmung und Einteilung von Roheisen

DIN EN 10002 Zugversuch für metallische Werkstoffe, 12.2009 ersetzt durch DIN EN ISO 6892

DIN EN 10021 Allgemeine technische Lieferbedingungen für Stahlerzeugnisse

DIN EN 10024 I-Profile mit geneigten inneren Flanschflächen

DIN EN 10025 Warmgewalzte Erzeugnisse aus Baustählen

Teil 1 Allgemeine technische Lieferbedingungen

Teil 2 Technische Lieferbedingungen für unlegierte Baustähle

Teil 3 Technische Lieferbedingungen für normalgeglühte/normalisierend gewalzte schweißgeeignete Feinkornbaustähle

Teil 4 Technische Lieferbedingungen für thermomechanisch gewalzte schweißgeeignete Feinkornbaustähle

Teil 5 Technische Lieferbedingungen für wetterfeste Baustähle

Teil 6 Technische Lieferbedingungen für Flacherzeugnisse aus Stählen mit höherer Streckgrenze im vergüteten Zustand

DIN EN 10027 Bezeichnungssysteme für Stähle

Teil 1 Kurznamen

Teil 2 Nummernsystem

DIN EN 10029 Warmgewalztes Stahlblech von 3 mm Dicke an; Grenzabmaße, Formtoleranzen

DIN EN 10045 Metallische Werkstoffe; Kerbschlagbiegeversuch nach Charpy.

DIN EN 10056 Gleichschenklige und ungleichschenklige Winkel aus Stahl

Teil 1 Maße

Teil 2 Grenzabmaße und Formtoleranzen

DIN EN 10058 Warmgewalzte Flachstäbe aus Stahl für allgemeine Verwendung - Maße, Formtoleranzen und Grenzabmaße

DIN EN 10059 Warmgewalzte Vierkantstäbe aus Stahl für allgemeine Verwendung - Maße, Formtoleranzen und Grenzabmaße

DIN EN 10060 Warmgewalzte Rundstäbe aus Stahl - Maße, Formtoleranzen und Grenzabmaße

DIN EN 10061 Warmgewalzte Sechskantstäbe aus Stahl - Maße, Formtoleranzen und Grenzabmaße

DIN EN 10079 Begriffsbestimmungen für Stahlerzeugnisse

DIN EN 10088 Nichtrostende Stähle

Teil 1 Verzeichnis der nichtrostenden Stähle

Teil 2 Technische Lieferbedingungen für Blech und Band aus korrosionsbeständigen Stählen für allgemeine Verwendung

Teil 3 Technische Lieferbedingungen für Halbzeug, Stäbe, Walzdraht, gezogenen Draht, Profile und Blankstahlerzeugnisse aus korrosionsbeständigen Stählen für allgemeine Verwendung

Teil 4 Technische Lieferbedingungen für Blech und Band aus korrosionsbeständigen Stählen für das Bauwesen

Teil 5 Technische Lieferbedingungen für Stäbe, Walzdraht, gezogenen Draht, Profile und Blankstahlerzeugnisse aus korrosionsbeständigen Stählen für das Bauwesen

DIN EN 10090 Ventilstähle und -legierungen für Verbrennungskraftmaschinen

DIN EN 10095 Hitzebeständige Stähle und Nickellegierungen

DIN EN 10106 Kaltgewalztes nicht kornorientiertes Elektroblech und -band im schlussgeglühten Zustand

DIN EN 10108 Runder Walzdraht aus Stahl für kaltgeformte Muttern und Schrauben

DIN EN 10111 Kontinuierlich warmgewalztes Band und Blech aus weichen Stählen zum Kaltumformen - Technische Lieferbedingungen

DIN EN 10131 Kaltgewalzte Flacherzeugnisse ohne Überzug und mit elektrolytischem Zink- oder Zink-Nickel-Überzug aus weichen Stählen sowie aus Stählen mit höherer Streckgrenze zum Kaltumformen - Grenzabmaße und Formtoleranzen

DIN EN 10142 Kontinuierlich feuerverzinktes Band und Blech aus weichen Stählen zum Kaltumformen - Technische Lieferbedingungen, 9.2004 ersetzt durch DIN EN 10327

DIN EN 10143 Kontinuierlich schmelztauchveredeltes Blech und Band aus Stahl - Grenzabmaße und Formtoleranzen

DIN EN 10152 Elektrolytisch verzinkte kaltgewalzte Flacherzeugnisse aus Stahl zum Kaltumformen - Technische Lieferbedingungen

DIN EN 10162 Kaltprofile aus Stahl - Technische Lieferbedingungen - Grenzabmaße und Formtoleranzen

DIN EN 10163 Lieferbedingungen für die Oberflächenbeschaffenheit von warmgewalzten Stahlerzeugnissen (Blech, Breitflachstahl und Profile)

DIN EN 10169 Kontinuierlich organisch beschichtete (bandbeschichtete) Flacherzeugnisse aus Stahl

Teil 1 Allgemeines (Definitionen, Werkstoffe, Grenzabweichungen, Prüfverfahren)

Teil 2 Erzeugnisse für den Bauaußeneinsatz

Teil 3 Erzeugnisse für den Bauinneneinsatz

DIN EN 10204 Metallische Erzeugnisse, Arten von Prüfbescheinigungen

DIN EN 10218 Stahldraht und Drahterzeugnisse

Teil 1 Prüfverfahren

Teil 2 Drahtmaße und Toleranzen

DIN EN 10220 Nahtlose und geschweißte Stahlrohre, Allgemeine Tabellen für Maße und längenbezogene Masse

DIN EN 10226 Rohrgewinde für im Gewinde dichtende Verbindungen

Teil 1 Kegelige Außengewinde und zylindrische Innengewinde - Maße, Toleranzen und Bezeichnung

Teil 2 Kegelige Außengewinde und kegelige Innengewinde - Maße, Toleranzen und Bezeichnung

Teil 3 Prüfung mit Grenzlehren

DIN EN 10241 Stahlfittings mit Gewinde

DIN EN 10242 Tempergussfittings

DIN EN 10255 Rohre aus unlegiertem Stahl mit Eignung zum Schweißen und Gewindeschneiden

DIN EN 10270 Stahldraht für Federn

Teil 1 Patentiert-gezogener unlegierter Federstahldraht

Teil 2 Ölschlussvergüteter Federstahldraht

Teil 3 Nichtrostender Federstahldraht

DIN EN 10278 Maße und Grenzabmaße von Blankstahlerzeugnissen

DIN EN 10283 Korrosionsbeständiger Stahlguß

DIN EN 10291 Metallische Werkstoffe - Einachsiger Zeitstandversuch unter Zugbeanspruchung - Prüfverfahren

DIN EN 10292 Kontinuierlich schmelztauchveredeltes Band und Blech aus Stählen mit hoher Streckgrenze zum Kaltumformen - Technische Lieferbedingungen

DIN EN 10326 Kontinuierlich schmelztauchveredeltes Band und Blech aus Baustählen - Technische Lieferbedingungen

DIN EN 10327 Kontinuierlich schmelztauchveredeltes Band und Blech aus weichen Stählen zum Kaltumformen - Technische Lieferbedingungen

DIN EN 10336 Kontinuierlich schmelztauchveredeltes und elektrolytisch veredeltes Band und Blech aus Mehrphasenstählen zum Kaltumformen, Technische Lieferbedingungen

DIN EN 12004 Mörtel und Klebstoffe für Fliesen und Platten - Anforderungen, Konformitätsbewertung, Klassifizierung und Bezeichnung

DIN EN 12056 Schwerkraftentwässerungsanlagen innerhalb von Gebäuden

    Teil 1 Allgemeine Ausführungsanforderungen

    Teil 2 Schmutzwasseranlagen, Planung und Berechnung

    Teil 3 Dachentwässerung, Planung und Berechnung

    Teil 4 Abwasserhebeanlagen, Planung und Berechnung

    Teil 5 Installation und Prüfung, Anleitung für Betrieb, Wartung und Gebrauch

DIN EN 12057 Natursteinprodukte - Fliesen - Anforderungen

DIN EN 12058 Natursteinprodukte - Bodenplatten und Stufenbeläge - Anforderungen

DIN EN 12067 Gas-Luft-Verbundregeleinrichtungen für Gasbrenner und Gasgeräte

    Teil 1: Pneumatische Ausführung, 6.2011 ersetzt durch DIN EN 88-1

Teil 2: Elektronische Ausführung

DIN EN 12077 Sicherheit von Kranen - Gesundheits- und Sicherheitsanforderungen

Teil 2: Begrenzungs- und Anzeigeeinrichtungen

DIN EN 12193 Licht und Beleuchtung – Sportstättenbeleuchtung

DIN EN 12198 Sicherheit von Maschinen - Bewertung und Verminderung des Risikos der von Maschinen emittierten Strahlung

Teil 1 Allgemeine Leitsätze

Teil 2 Messverfahren für die Strahlenemission

Teil 3 Verminderung der Strahlung durch Abschwächung
oder Abschirmung

DIN EN 12208 Fenster und Türen - Schlagregendichtheit - Klassifizierung

DIN EN 12266 Industriearmaturen - Prüfung von Armaturen aus Metall

Teil 1 Druckprüfungen, Prüfverfahren und Annahmekriterien
- Verbindliche Anforderungen

Teil 2 Prüfungen, Prüfverfahren und Annahmekriterien; Ergänzende Anforderungen

DIN EN 12373 Aluminium und Aluminiumlegierungen - Anodisieren

Teil 1 Methode zur Spezifizierung dekorativer und schützen-
der anodisch erzeugter Oxidschichten auf Aluminium

Teil 2 Bestimmung der Masse je Flächeneinheit (flächenbezogene Masse) von anodisch erzeugten Oxidschichten - Gravimetrisches Verfahren

Teil 3 Bestimmung der Dicke von anodisch erzeugten Oxidschichten; Zerstörungsfreie Messung mit Lichtschnittmikroskop

Teil 4 Abschätzung der Anfärbbarkeit von anodisch erzeugten Oxidschichten nach dem Verdichten durch Farbtropfentest mit vorheriger Säurebehandlung

Teil 5 Prüfung der Qualität von verdichteten, anodisch erzeugten Oxidschichten durch Bestimmung des Scheinleitwertes

Teil 6 Prüfung der Qualität von verdichteten, anodisch erzeugten Oxidschichten durch Bestimmung des Masseverlustes nach Eintauchen in Chromphosphorsäure-Lösung ohne vorherige Säurebehandlung

Teil 7 Prüfung der Qualität von verdichteten, anodisch erzeugten Oxidschichten durch Bestimmung des Masseverlustes nach Eintauchen in Chromphosphorsäure-Lösung mit vorheriger Säurebehandlung

Teil 8 Vergleichsbestimmung der Beständigkeit von gefärbten, anodisch erzeugten Oxidschichten gegen ultraviolettes Licht und Wärme

Teil 9 Messung der Abriebfestigkeit und der Abriebzahl von anodisch erzeugten Oxidschichten durch Abriebprüfung mit einem Schleifscheiben-Prüfgerät

Teil 10 Messung der mittleren spezifischen Abriebfestigkeit von anodisch erzeugten Oxidschichten durch Abriebprüfung mit einem Schleifmittelstrahl-Prüfgerät

Teil 11 Messung des gerichteten Reflexionsgrades und des Spiegelglanzes von anodisch erzeugten Oxidschichten bei Winkeln von 20°, 45°, 60° oder 85°

Teil 12 Messung der Reflexionseigenschaften von Aluminiumoberflächen mit Hilfe Ulbrichtscher Kugeln

Teil 13 Messung der Reflexeigenschaften von Aluminiumoberflächen mit vereinfachten oder Präzisions-Goniophotometer

Teil 14 Visuelle Bestimmung der Abbildungsschärfe von anodisch erzeugten Oxidschichten; Messgittermethode

Teil 15 Prüfung der Beständigkeit von anodisch erzeugten Oxidschichten gegen Rissbildung bei Verformung

Teil 16 Prüfung der Kontinuität dünner anodisch erzeugter Oxidschichten; Kupfersulfatversuch

Teil 17 Bestimmung der elektrischen Durchschlagspannung

Teil 18 Bewertungssystem für Lochkorrosion; Richtreihenmethode

Teil 19 Bewertungssystem für Lochkorrosion; Rasterzählmethode

DIN EN 12390 Prüfung von Festbeton

Teil 1 Form, Maße und andere Anforderungen für Probekörper und Formen

Teil 2 Herstellung und Lagerung von Probekörpern für Festigkeitsprüfungen

Teil 3 Druckfestigkeit von Probekörpern

Teil 4 Bestimmung der Druckfestigkeit; Anforderungen an Prüfmaschinen

Teil 5 Biegezugfestigkeit von Probekörpern

Teil 6 Spaltzugfestigkeit von Probekörpern

Teil 7 Dichte von Festbeton

Teil 8 Wassereindringtiefe unter Druck

Teil 9 Frost- und Frost-Tausalz-Widerstand - Abwitterung (Vornorm DIN CEN/TS 12390-9)

DIN EN 12407 Prüfverfahren für Naturstein - Petrografische Prüfung

DIN EN 12440 Naturstein - Kriterien für die Bezeichnung

DIN EN 12445 Tore; Nutzungssicherheit kraftbetätigter Tore; Prüfverfahren

DIN EN 12453 Tore; Nutzungssicherheit kraftbetätigter Tore; Anforderungen

DIN EN 12464 Licht und Beleuchtung – Beleuchtung von Arbeitsstätten

Teil 1 Arbeitsstätten in Innenräumen

Teil 2 Arbeitsstätten im Freien

DIN EN 12469 Biotechnik - Leistungskriterien für mikrobiologische Sicherheitswerkbänke

DIN EN 12566 Kleinkläranlagen für bis zu 50 EW

Teil 1 Werkmäßig hergestellte Faulgruben

Teil 3 Vorgefertigte und/oder vor Ort montierte Anlagen zur Behandlung von häuslichem Schmutzwasser

Teil 4 Bausätze für vor Ort einzubauende Faulgruben

Teil 5 Filtrationsanlagen für vorbehandeltes häusliches Abwasser (Entwurf)

Teil 6 Vorgefertigte Anlagen für die weitergehende Behandlung des aus Faulgruben ablaufenden Abwassers (Entwurf)

Teil 7 Im Werk vorgefertigte Einheiten für einen dritten Reinigungsteil (Entwurf)

DIN EN 12568 Fuß- und Beinschutz - Anforderungen und Prüfverfahren für durchtrittsichere Einlagen aus Metall und Zehenkappen

DIN EN 12570 Industriearmaturen - Verfahren für die Auslegung des Betätigungselementes

DIN EN 12604 Tore; Mechanische Aspekte; Anforderungen

DIN EN 12605 Tore; Mechanische Aspekte; Prüfverfahren

DIN EN 12627 Industriearmaturen - Anschweißenden für Armaturen aus Stahl

DIN EN 12644 Krane - Informationen für die Nutzung und Prüfung

Teil 1 Betriebsanleitungen

Teil 2 Kennzeichnung

DIN EN 12665 Licht und Beleuchtung, Grundlegende Begriffe und Kriterien für die Festlegung von Anforderungen an die Beleuchtung

DIN EN 12670 Terminologie von Natursteinen - Petrografische Benennung

DIN EN 12828 Sicherheitstechnische Ausrüstung von Wärmeerzeugungsanlagen

DIN EN 12831 Heizlast von Gebäuden (Wärmebedarfsberechnung)

DIN EN 12952 Wasserrohrkessel und Anlagenkomponenten

DIN EN 12999 Krane - Ladekrane

DIN EN 13000 Krane - Fahrzeugkrane

DIN EN 13001 Krane - Konstruktion allgemein

Teil 1 Allgemeine Prinzipien und Anforderungen

Teil 2 Lasteinwirkungen

DIN EN 13031 Gewächshäuser - Bemessung und Konstruktion

Teil 1 Kulturgewächshäuser

DIN EN 13032 Licht und Beleuchtung - Messung und Darstellung photometrischer Daten von Lampen und Leuchten

Teil 1 Messung und Datenformat

Teil 1 Berichtigung 1 Messung und Datenformat

Teil 2 Darstellung der Daten für Arbeitsstätten in Innenräumen und im Freien

Teil 2 Berichtigung 1 Darstellung der Daten für Arbeitsstätten in Innenräumen und im Freien

Teil 3 Darstellung von Daten für die Notbeleuchtung von Arbeitsstätten

DIN EN 13135 Krane - Ausrüstungen

Teil 1 Krane - Sicherheit - Konstruktion - Anforderungen an die Ausrüstungen - Teil 1: Elektrotechnische Ausrüstungen

Teil 2 Krane - Ausrüstungen - Teil 2: Nicht-elektrotechnische Ausrüstungen

DIN EN 13155 Krane - Lose Lastaufnahmemittel

DIN EN 13157 Krane - Sicherheit - Handbetriebene Krane

DIN EN 13162 Wärmedämmstoffe für Gebäude - Werkmäßig hergestellte Produkte aus Mineralwolle (MW)

DIN EN 13163 Wärmedämmstoffe für Gebäude - Werkmäßig hergestellte Produkte aus expandiertem Polysterol (EPS)

DIN EN 13164 Wärmedämmstoffe für Gebäude - Werkmäßig hergestellte Produkte aus extrudiertem Polysterolschaum (XPS)

DIN EN 13165 Wärmedämmstoffe für Gebäude - Werkmäßig hergestellte Produkte aus Polyurethan-Hartschaum (PU)

DIN EN 13166 Wärmedämmstoffe für Gebäude - Werkmäßig hergestellte Produkte aus Phenolharzschaum (PF)

DIN EN 13167 Wärmedämmstoffe für Gebäude - Werkmäßig hergestellte Produkte aus Schaumglas (CG)

DIN EN 13168 Wärmedämmstoffe für Gebäude - Werkmäßig hergestellte Produkte aus Holzwolle (WW)

DIN EN 13169 Wärmedämmstoffe für Gebäude - Werkmäßig hergestellte Produkte aus Blähperlit (EPB)

DIN EN 13170 Wärmedämmstoffe für Gebäude - Werkmäßig hergestellte Produkte aus expandiertem Kork (ICB)

DIN EN 13171 Wärmedämmstoffe für Gebäude - Werkmäßig hergestellte Produkte aus Holzfasern (WF)

DIN EN 13201 Straßenbeleuchtung

   Teil 1 Auswahl der Beleuchtungsklassen

   Teil 2 Gütemerkmale

   Teil 3 Berechnung der Gütemerkmale

   Teil 3 Berichtigung 1 Berechnung der Gütemerkmale

   Teil 4 Methoden zur Messung der Gütemerkmale von Straßenbeleuchtungsanlagen

DIN EN 13300 Beschichtungsstoffe – Wasserhaltige Beschichtungsstoffe und Beschichtungssysteme für Wände und Decken im Innenbereich

DIN EN 13306 Begriffe der Instandhaltung

DIN EN 13348 Kupfer und Kupferlegierungen - Nahtlose Rundrohre aus Kupfer für medizinische Gase oder Vakuum

DIN EN 13373 Bestimmung geometrischer Merkmale von Gesteinen

DIN EN 13374 Temporäre Seitenschutzsysteme - Produktfestlegungen, Prüfverfahren

DIN EN 13432 Verpackung - Anforderungen an die Verwertung von Verpackungen durch Kompostierung und biologischen Abbau - Prüfschema und Bewertungskriterien für die Einstufung von Verpackungen; vgl. Biologisch abbaubarer Werkstoff, Biologische Abbaubarkeit, Biokunststoff

DIN EN 13494 Wärmedämmstoffe für das Bauwesen - Bestimmung der Haftzugfestigkeit zwischen Klebemasse, Klebemörtel und Wärmedämmstoff sowie zwischen Unterputz und Wärmedämmstoff

DIN EN 13496 Wärmedämmstoffe für das Bauwesen - Bestimmung der mechanischen Eigenschaften von Glasfasergewebe

DIN EN 13497 Wärmedämmstoffe für das Bauwesen - Bestimmung der Schlagfestigkeit von außenseitigen Wärmedämm-Verbundsystemen (WDVS)

DIN EN 13498 Wärmedämmstoffe für das Bauwesen - Bestimmung des Eindringwiderstandes von außenseitigen Wärmedämm-Verbundsystemen (WDVS)

DIN EN 13499 Wärmedämmstoffe für Gebäude - Außenseitige Wärmedämm-Verbundsysteme (WDVS) aus expandiertem Polystyrol - Spezifikationen

DIN EN 13500 Wärmedämmstoffe für Gebäude - Außenseitige Wärmedämm-Verbundsysteme (WDVS) aus Mineralwolle - Spezifikationen

DIN EN 13523 Bandbeschichtete Metalle - Prüfverfahren

Teil 0 Allgemeine Einleitung und Liste der Prüfverfahren

Teil 1 Schichtdicke

Teil 2 Glanz

Teil 3 Farbabstand

Teil 4 Bleistifthärte

Teil 5 Widerstandsfähigkeit gegen schnelle Verformung (Schlagprüfung)

Teil 6 Haftfestigkeit nach Eindrücken (Tiefungsprüfung)

Teil 7 Widerstandsfähigkeit gegen Rissbildung beim Biegen (T-Biegeprüfung)

Teil 8 Beständigkeit gegen Salzsprühnebel

Teil 9 Beständigkeit gegen Eintauchen in Wasser

Teil 10 Beständigkeit gegen fluoreszierende UV-Strahlung und Kondensation von Wasser

Teil 11 Beständigkeit gegen Lösemittel (Reibtest)

Teil 12 Widerstand gegen Ritzen

Teil 13 Beständigkeit gegen beschleunigte Alterung durch Wärmeeinwirkung

Teil 14 Kreiden (Verfahren nach Helmen)

Teil 15 Metamerie

Teil 16 Widerstandsfähigkeit gegen Abrieb

Teil 17 Haftfestigkeit von abziehbaren Folien

Teil 18 Beständigkeit gegen Fleckenbildung

Teil 19 Probenplatten und Verfahren zur Freibewitterung

Teil 20 Haftfestigkeit von Schaum

Teil 21 Bewertung von freibewitterten Probenplatten

Teil 22 Farbabstand; Visueller Vergleich

Teil 23 Beständigkeit der Farbe in feuchten, Schwefeldioxid enthaltenden Atmosphären

Teil 24 Block- und Stapelfestigkeit

Teil 25 Beständigkeit gegen Feuchte

Teil 26 Beständigkeit gegen Kondenswasser

Teil 27 Beständigkeit gegen feuchte Verpackung (Kataplasma-Test)

Teil 29 Beständigkeit gegen Verschmutzung

DIN EN 13537 Anforderungen an Schlafsäcke

DIN EN 13557 Krane - Stellteile und Steuerstände

DIN EN 13586 Krane - Zugang

DIN EN 13706 Spezifikationen für pultrudierte Profile

Teil 1 Bezeichnung

Teil 2 Prüfverfahren und allgemeine Anforderungen

Teil 3 Besondere Anforderungen

DIN EN 13755 Wasseraufnahme unter atmosphärischem Druck

DIN EN 13830 Vorhangfassaden - Produktnorm

DIN EN 13852 Krane - Offshore-Krane

Teil 1 Offshore-Krane für allgemeine Verwendung

Teil 2 Schwimmende Krane

DIN EN 13859 Abdichtungsbahnen - Definitionen und Eigenschaften von Unterdeck- und Unterspannbahnen

Teil 1 Unterdeck- und Unterspannbahnen für Dachdeckungen

Teil 2 Unterdeck- und Unterspannbahnen für Wände

DIN EN 14073 Büromöbel, Büroschränke

Teil 2 Sicherheitstechnische Anforderungen

Teil 3 Prüfverfahren zur Bestimmung der Standsicherheit und der Festigkeit der Konstruktion

DIN EN 14079 Nichtaktive Medizinprodukte - Leistungsanforderungen und Prüfverfahren für Verbandmull aus Baumwolle und Verbandmull aus Baumwolle und Viskose

DIN EN 14126 Infektionsschutz

DIN EN 14153 Ausbildung von Freizeit-Gerätetauchern

> Teil 1 Beaufsichtigter Taucher

> Teil 2 Selbständiger Taucher

> Teil 3 Tauchgruppenleiter

DIN EN 14214 Kraftstoffe für Kraftfahrzeuge - Fettsäure-Methylester (FAME) für Dieselmotoren - Anforderungen und Prüfverfahren (Biodiesel)

DIN EN 14238 Krane - Handgeführte Manipulatoren

DIN EN 14241 Abgasanlagen - Werkstoffanforderungen und Prüfungen für elastomere Dichtungen und Dichtwerkstoffe

DIN EN 14411 Keramische Fliesen und Platten - Begriffe, Klassifizierung, Gütemerkmale und Kennzeichnung

DIN EN 14413 Dienstleistungen des Freizeittauchens - Sicherheitsrelevante Mindestanforderungen an die Ausbildung von Tauchausbildern

> Teil 1: Ausbildungsstufe 1

> Teil 2: Ausbildungsstufe 2

DIN EN 14439 Krane - Sicherheit - Turmdrehkrane

DIN EN 14467 Dienstleistungen des Freizeittauchens - Anforderungen an Dienstleister des Freizeit-Gerätetauchens

DIN EN 14468 Tischtennis

Teil 1 Tischtennistische, funktionelle und sicherheitstechnische Anforderungen, Prüfverfahren

Teil 2 Pfosten von Netzgarnituren - Anforderungen und Prüfverfahren

DIN EN 14492 Krane - Kraftgetriebene Winden und Hubwerke

Teil 1 Kraftgetriebene Winden

Teil 2 Kraftgetriebene Hubwerke

DIN EN 14502 Krane - Einrichtungen zum Heben von Personen

Teil 1: Hängende Personenaufnahmemittel

Teil 2: Höhenverstellbare Steuerstände

DIN EN 14583 Arbeitsplatzatmosphäre - Volumetrische Probenahmeeinrichtungen für Bioaerosole - Anforderungen und Prüfverfahren

DIN EN 14597 Temperaturregeleinrichtungen und Temperaturbegrenzer für wärmeerzeugende Anlagen

DIN EN 14604 Rauchwarnmelder

DIN EN 14634 Verpackungen aus Glas - Kronenmundstück 26 H 180 - Maße

DIN EN 14635 Verpackungen aus Glas - Kronenmundstück 26 H 126 - Maße

DIN EN 14719 Faserstoff, Papier und Karton - Bestimmung des Gehaltes an Diisopropylnaphthalin (DIPN) mittels Lösemittelextraktion

DIN EN 14798 Verpackungen aus Glas - Manueller Kronenkorköffner - Maße

DIN EN 14887 Verpackungen aus Glas - Korkenzieher - Allgemeine Anforderungen

DIN EN 14985 Krane - Ausleger-Drehkrane

DIN EN 15038 Übersetzungs-Dienstleistungen - Dienstleistungsanforderungen

DIN EN 15052 Elastische, textile Bodenbeläge und Laminatböden - Bewertung und Anforderungen an Emissionen von flüchtigen organischen Verbindungen (VOC) (z.Z. Entwurf)

DIN EN 15056 Krane - Anforderungen an Spreader zum Umschlag von Containern

DIN EN 15085 Schweisstechnik im Schienenfahrzeugbau

DIN EN 15090 Schuhe für die Feuerwehr

DIN EN 15193 Energetische Bewertung von Gebäuden - Energetische Anforderungen an die Beleuchtung

DIN EN 15376 Kraftstoffe für Kraftfahrzeuge - Ethanol zur Verwendung als Blendkomponente in Ottokraftstoff - Anforderungen und Prüfverfahren

DIN EN 15543 Verpackungen aus Glas - Flaschenverschlüsse - Schraubmundstücke für Flaschen für nicht kohlensäurehaltige Flüssigkeiten

DIN EN 15635 Ortsfeste Regalsysteme aus Stahl - Anwendung und Wartung von Lagereinrichtungen

DIN EN 15800 Zylindrische Schraubenfedern aus runden Drähten – Gütevorschriften für kaltgeformte Druckfedern

DIN EN 15883 Reinigungs-Desinfektionsgeräte

Teil 1 Allgemeine Anforderungen, Begriffe und Prüfverfahren

Teil 2 Anforderungen und Prüfverfahren von Reinigungs-Desinfektionsgeräten mit thermischer Desinfektion für chirurgische Instrumente, Anästhesiegeräte, Gefäße, Utensilien, Glasgeräte usw.

Teil 3 Anforderungen an und Prüfverfahren für Reinigungs-Desinfektionsgeräte mit thermischer Desinfektion für Behälter für menschliche Ausscheidungen

Teil 4 Anforderungen und Prüfverfahren für Reinigungs-Desinfektionsgeräte mit chemischer Desinfektion für thermolabile Endoskope

Teil 5 Prüfanschmutzungen und -verfahren zum Nachweis der Reinigungswirkung (ISO/TS 15883-5:2005); Deutsche Fassung CEN ISO/TS 15883-5:2005

Teil 6 Anforderungen und Prüfverfahren für Reinigungs-Desinfektionsgeräte mit thermischer Desinfektion für nicht invasive, nicht kritische Medizinprodukte und Zubehör im Gesundheitswesen

DIN EN 16001 Energiemanagementsysteme - Anforderungen mit Anleitung zur Anwendung

DIN EN 16063 Verpackung - Kunststoffbehältnisse - Bezeichnung von
Kunststoffverschlussmundstücken

DIN EN 16064 Verpackung - Kunststoffbehältnisse - PET-
Verschlussmundstück 30/25 H (18,5)

DIN EN 16065 Verpackung - Kunststoffbehältnisse - PET-
Verschlussmundstück 30/25 L (16,8)

DIN EN 16066 Verpackung - Kunststoffbehältnisse - PET-
Verschlussmundstück 26,7 (Gewindesteigung 6,35)

DIN EN 16067 Verpackung - Kunststoffbehältnisse - PET-
Verschlussmundstück 26,7 (Gewindesteigung 9,00)

DIN EN 16068 Verpackung - Kunststoffbehältnisse - PET-
Verschlussmundstück 38

DIN EN 16094 Laminatböden - Prüfverfahren zur Bestimmung der
Mikrokratzbeständigkeit (Entwurf)

DIN EN 16287 Verpackungen aus Glas - Schraubmundstücke für Flaschen mit Innendruck - MCA 1-Mundstück

DIN EN 16288 Verpackungen aus Glas - Schraubmundstücke für Flaschen mit Innendruck - MCA 3-Mundstück

DIN EN 16289 Verpackungen aus Glas - Schraubmundstücke für Flaschen mit Innendruck - MCA 7,5 RF-Mundstück

DIN EN 16290 Verpackungen aus Glas - Schraubmundstücke für Flaschen mit Innendruck - MCA 7,5 R-Mundstück

DIN EN 16291 Verpackungen aus Glas - Schraubmundstücke für Flaschen mit Innendruck

Teil 1 Mehrweg-MCA 2-Mundstück

Teil 2 Einweg-MCA 2-Mundstück

DIN EN 16292 Verpackungen aus Glas - Schraubmundstücke - Abgeflachte Gewinde

DIN EN 16293 Verpackung - Verpackungen aus Glas - Tiefe BVS-Mundstücke für stille Weine

DIN EN 20000–59999

DIN EN 22553 Symbolische Darstellung von Schweiß- und Lötnähten

DIN EN 27888 Wasserbeschaffenheit; Bestimmung der elektrischen Leitfähigkeit

DIN EN 28601 Datumsformate, 9.2006 ersetzt durch DIN ISO 8601

DIN EN 28676 Sechskantschrauben mit Gewinde bis Kopf; Feingewinde M 8 × 1 bis M 52 × 3 (Produktklassen A und B), 3.2001 ersetzt durch DIN EN ISO 8676

DIN EN 29692 Schweißnahtvorbereitung

DIN EN 45020 Normung und damit zusammenhängende Tätigkeiten - Allgemeine Begriffe (ISO/IEC Guide 2:2004)

DIN EN 50005 Industrielle Niederspannungs-Schaltgeräte; Anschlussbezeichnungen und Kennzahlen, Allgemeine Regeln

DIN EN 50020 Elektrische Betriebsmittel für explosionsgefährdete Bereiche - Eigensicherheit „i"; 8.2007 ersetzt durch DIN EN 60079-11

DIN EN 50090 Elektrische Systemtechnik für Heim und Gebäude (ESHG)

Teil 2 Systemübersicht

Teil 2-1 Architektur

Teil 2-2 (VDE 0829-2-2) Allgemeine technische Anforderungen

Teil 2-3 (VDE 0829-2-3) Anforderungen an die funktionale Sicherheit für Produkte, die für den Einbau in ESHG vorgesehen sind

Teil 3 Anwendungsaspekte

Teil 3-1 Einführung in die Anwendungsstruktur

Teil 3-2 Anwendungsprozess ESHG Klasse 1

Teil 3-3 ESHG-Interworking-Modell und übliche ESHG-Datenformate

Teil 4 Medienunabhängige Schicht

Teil 4-1 Anwendungsschicht für ESHG Klasse 1

Teil 4-2 Transportschicht, Vermittlungsschicht und allgemeine Teile der Sicherungsschicht für ESHG Klasse 1

Teil 4-3 Kommunikation über IP (EN 13321-2)

Teil 5 Medien und medienabhängige Schichten

Teil 5-1 Signalübertragung auf elektrischen Niederspannungsnetzen für ESHG Klasse 1

Teil 5-2 Netzwerk basierend auf ESHG Klasse 1, Zweidrahtleitungen (Twisted Pair)

Teil 5-3 Signalübertragung über Funk

Teil 7-1 Systemmanagement - Managementverfahren

Teil 8 Konformitätsbeurteilung von Produkten

Teil 9-1 Installationsanforderungen - Verkabelung von Zweidrahtleitungen ESHG Klasse 1

DIN EN 50102 (DIN EN 62262,VDE 0470-100) Schutzarten durch Gehäuse für elektrische Betriebsmittel (Ausrüstung) gegen äußere mechanische Beanspruchungen (IK-Code)

DIN EN 50107 Leuchtröhrengeräte und Leuchtröhrenanlagen mit einer Leerlaufspannung über 1 kV, aber nicht über 10 kV

Teil 1 Allgemeine Anforderungen

Teil 2 Anforderungen an Erdschluss-Schutzeinrichtungen und Leerlauf-Schutzeinrichtungen

DIN EN 50110 (VDE 0105) Betrieb von elektrischen Anlagen

Teil 1 (VDE 0105-1)

Teil 2 (VDE 0105-2) (nationale Anhänge)

DIN EN 50117 Koaxialkabel

Teil 1 (VDE 0887-1) Fachgrundspezifikation

Teil 2 Rahmenspezifikation für Kabel für Kabelverteilanlagen

Teil 2-1 (VDE 0887-2-1) Hausinstallationskabel im Bereich von 5 MHz - 1000 MHz

Teil 2-2 (VDE 0887-2-2) Außenkabel im Bereich von 5 MHz - 1000 MHz

Teil 2-3 (VDE 0887-2-3) Verteiler und Linienkabel für Systeme im Bereich von 5 MHz - 1000 MHz

Teil 2-4 (VDE 0887-2-4) Hausinstallationskabel im Bereich von 5 MHz - 3000 MHz

Teil 2-5 (VDE 0887-2-5) Außenkabel im Bereich von 5 MHz - 3000 MHz

Teil 3 (VDE 0887-3) Rahmenspezifikation für Hausanschlußkabel

Teil 3-1 (VDE 0887-3-1) Rahmenspezifikation für Kabel für Anwendungen in der Telekommunikation; Miniaturkabel für digitale Kommunikationssysteme

Teil 4 (VDE 0887-4) Rahmenspezifikation für Verteiler- und Linienkabel

Teil 4-1 (VDE 0887-4-1) Rahmenspezifikation für Kabel RuK-Verkabelung nach EN 50173 - Hausinstallationskabel im Bereich von 5 MHz bis 3000 MHz

Teil 5 (VDE 0887-5) Rahmenspezifikation für Hausinstallationskabel für Anlagen für Frequenzen von 5 MHz bis 2150 MHz

Teil 6 (VDE 0887-6) Rahmenspezifikation für Hausanschlußkabel für Anlagen für Frequenzen von 5 MHz bis 2150 MHz

DIN EN 50128 Bahnanwendungen - Telekommunikationstechnik, Signaltechnik und Datenverarbeitungssysteme - Software für Eisenbahnsteuerungs- und Überwachungssysteme

DIN EN 50131 Alarmanlagen - Einbruch- und Überfallmeldeanlagen

Teil 1 Systemanforderungen

Teil 2-2 Einbruchmelder

Teil 2-3 Anforderungen an Mikrowellenmelder (DIN CLC/TS 50131-2-3)

Teil 2-4 Anforderungen an kombinierte Passiv-Infrarot- und Mikrowellenmelder (DIN CLC/TS 50131-2-4)

Teil 2-5 Anforderungen an kombinierte Passiv-Infrarot- und Ultraschallmelder (DIN CLC/TS 50131-2-5)

Teil 2-6 Anforderungen an Öffnungsmelder (Magnetkontakte) (DIN CLC/TS 50131-2-6)

Teil 3 Melderzentrale

Teil 4 Signalgeber

Teil 5-3 Anforderungen an Übertragungsgeräte, die Funkfrequenz-Techniken verwenden

Teil 6 Energieversorgungen

Teil 7 Anwendungsregeln

Teil 8 Nebelgeräte/Nebelsysteme für Sicherheitsanwendungen

DIN EN 50132 CCTV-Überwachungsanlagen für Sicherheitsanwendungen

DIN EN 50133 Alarmanlagen - Zutrittskontrollanlagen für Sicherungsanwendungen

Teil 1 Systemanforderungen

Teil 2-1 Allgemeine Anforderungen an Anlageteile

Teil 7 Anwendungsregeln

DIN EN 50155 (VDE 0115-200) Bahnanwendungen - Elektronische Einrichtungen auf Bahnfahrzeugen

DIN EN 50172 Sicherheitsbeleuchtungsanlagen

DIN EN 50173 Informationstechnik - Anwendungsneutrale Kommunikationskabelanlagen

Teil 1 Allgemeine Anforderungen

Teil 1 Beiblatt 1 Verkabelungsleitfaden zur Unterstützung von 10 GBASE-T

Teil 2 Bürogebäude

Teil 3 Industriell genutzte Standorte

Teil 4 Wohnungen

Teil 4 Beiblatt 1 Realisierung von RuK-Netzanwendungen mit Verkabelung nach EN 50173-4

Teil 5 Rechenzentren

DIN EN 50174 Informationstechnik - Installation von Kommunikationsverkabelung

DIN EN 50191 (VDE 0104) Errichten und Betreiben elektrischer Prüfanlagen

DIN EN 50272 Sicherheitsanforderungen für Batterien und Batterieanlagen

Teil 1 (VDE 0510-1) Allgemeine Sicherheitsinformationen

Teil 2 (VDE 0510-2) Stationäre Batterien

Teil 3 (VDE 0510-3) Antriebsbatterien für Elektrofahrzeuge

Teil 4 (VDE 0510-104) Batterien für tragbare Geräte

DIN EN 50285 Energieeffizienz von elektrischen Lampen für den Hausgebrauch - Meßverfahren

DIN EN 50286 (VDE 0682-301) Elektrisch isolierende Schutzkleidung für Arbeiten an Niederspannungsanlagen

DIN EN 50294 (VDE 0712-294) Verfahren zur Messung der Gesamteingangsleistung von Vorschaltgerät-Lampe-Schaltungen

DIN EN 50311 (VDE 0115-450) Bahnanwendungen - Bahnfahrzeuge - Gleichstromversorgte elektronische Vorschaltgeräte für Leuchtstofflampen

DIN EN 55022 (VDE 0878-22) Einrichtungen der Informationstechnik - Funkstöreigenschaften - Grenzwerte und Messverfahren

DIN EN 60000–99999

DIN EN 60051 Direkt wirkende anzeigende Messgeräte und ihr Zubehör - Messgeräte mit Skalenanzeige -

DIN EN 60061 Lampensockel und -fassungen sowie Lehren zur Kontrolle der Austauschbarkeit und Sicherheit

Teil 1 Lampensockel (IEC 60061-1)

Teil 2 Lampenfassungen (IEC 60061-2)

DIN EN 60062 Kennzeichnung von Widerständen und Kondensatoren, inkludiert Herstellungsdatum und erstetzt damit DIN 41314.

DIN EN 60064 Glühlampen für den Hausgebrauch und ähnliche allgemeine Beleuchtungszwecke - Anforderungen an die Arbeitsweise (IEC 60064)

DIN EN 60081 Zweiseitig gesockelte Leuchtstofflampen - Anforderungen an die Arbeitsweise (IEC 60081)

DIN EN 60155 (VDE 0712-101) Glimmstarter für Leuchtstofflampen (IEC 60155)

DIN EN 60188 Quecksilberdampf-Hochdrucklampen - Anforderungen an die Arbeitsweise (IEC 60188)

DIN EN 60192 Natriumdampf-Niederdrucklampen - Anforderungen an die Arbeitsweise (IEC 60192)

DIN EN 60204 Sicherheit von Maschinen - Elektrische Ausrüstung von Maschinen

Teil 1 Allgemeine Anforderungen

DIN EN 60255 Messrelais und Schutzeinrichtungen

Teil 1 Allgemeine Anforderungen

Teil 5 Isolationskoordination für Messrelais und Schutzeinrichtungen; Anforderungen und Prüfungen

Teil 5 Beiblatt 1 Isolationskoordination für Messrelais und Schutzeinrichtungen; Anforderungen und Prüfungen; Erläuterungen zur Norm

Teil 8 Überlastrelais

Teil 11 Spannungseinbrüche, Kurzzeitunterbrechungen, Spannungsschwankungen und Wechselanteil im Anschluss für die Hilfsstromversorgung

Teil 21-1 Schwing-, Schock-, Dauerschock- und Erdbebenprüfungen an Meßrelais und Schutzeinrichtungen; Hauptabschnitt 1: Schwingprüfungen (sinusförmig)

Teil 21-2 Schwing-, Schock-, Dauerschock- und Erdbebenprüfungen an Meßrelais und Schutzeinrichtungen; Hauptabschnitt 2: Schock- und Dauerschockprüfungen

Teil 21-3 Schwing-, Schock-, Dauerschock- und Erdbebenprüfungen an Maßrelais und Schutzeinrichtungen; Hauptabschnitt 3: Erdbebenprüfungen

Teil 22-1 Prüfungen der elektrischen Störfestigkeit - Prüfung der Störfestigkeit gegen 1-MHz-Störgrößen

Teil 22-2 Prüfungen der elektrischen Störfestigkeit - Prüfungen mit elektrostatischer Entladung

Teil 22-3 Prüfung der elektrischen Störfestigkeit - Prüfung der Störfestigkeit gegen elektromagnetische Felder

Teil 22-4 Prüfungen der elektrischen Störfestigkeit - Prüfung der Störfestigkeit gegen schnelle transiente elektrische Störgrößen/Burst

Teil 22-5 Prüfung der elektrischen Störfestigkeit von Messrelais und Schutzeinrichtungen; Prüfung der Störfestigkeit gegen Stoßspannungen

Teil 22-6 Prüfungen der elektrischen Störfestigkeit von Messrelais und Schutzeinrichtungen; Störfestigkeit gegen leitungsgeführte Störgrößen, induziert durch hochfrequente Felder

Teil 22-7 Prüfungen der elektrischen Störfestigkeit von Messrelais und Schutzeinrichtungen - Prüfung der Störfestigkeit gegen netzfrequente Störgrößen

Teil 24 Standardformat für den Austausch von transienten Daten elektrischer Energieversorgungsnetze

Teil 25 Prüfungen der elektromagnetischen Störaussendung für Messrelais und Schutzeinrichtungen

Teil 26 Anforderungen an die elektromagnetische Verträglichkeit

Teil 27 Anforderungen an die Produktsicherheit

Teil 151 Funktionsanforderungen für Über-/Unterstromschutz

DIN EN 60384 Festkondensatoren zur Verwendung in Geräten der Elektronik

Teil 1 Fachgrundspezifikation (VDE 0565-1)

Teil 2...25 diverse Spezifikationen

DIN EN 60400 (VDE 0616-3) Lampenfassungen für röhrenförmige Leuchtstofflampen und Starterfassungen (IEC 60400)

DIN EN 60439 Niederspannungs-Schaltgerätekombinationen

Teil 1 Typgeprüfte und partiell typgeprüfte Kombinationen

Teil 2 Besondere Anforderungen an Schienenverteiler

Teil 3 Besondere Anforderungen an Niederspannungs-Schaltgerätekombinationen, zu deren Bedienung Laien Zutritt haben; Installationsverteiler

Teil 4 Besondere Anforderungen an Baustromverteiler (BV)

Teil 5 Besondere Anforderungen an Niederspannung-Schaltgerätekombinationen, die im Freien an öffentlich zugängigen Plätzen aufgestellt werden; Kabelverteilerschränke (KVS) in Energieversorgungsnetzen

DIN EN 60529 (VDE 0470-1) Schutzarten durch Gehäuse (IP-Code) (IEC 60529)

DIN EN 60598 Leuchten

Teil 1 (VDE 0711-1) Allgemeine Anforderungen und Prüfungen (IEC 60598-1)

Teil 2 Besondere Anforderungen

Teil 2-2 (VDE 0711-2-2) Einbauleuchten (IEC 60598-2-2)

Teil 2-3 (VDE 0711-2-3) Leuchten für Straßen- und Wegebeleuchtung (IEC 60598-2-3)

Teil 2-4 (VDE 0711-2-4) Ortsveränderliche Leuchten für allgemeine Zwecke (IEC 60598-2-4)

Teil 2-5 (VDE 0711-2-5:) Scheinwerfer (IEC 60598-2-5)

Teil 2-6 (VDE 0711-206) Leuchten mit eingebauten Transformatoren für Glühlampen (IEC 60598-2-6)

Teil 2-7 Ortsveränderliche Gartenleuchten (IEC 60598-2-7)

Teil 2-8 (VDE 0711-2-8) Handleuchten (IEC 60598-2-8)

Teil 2-9 (VDE 0711-2-9) Photo- und Filmaufnahmeleuchten (nicht professionelle Anwendung) (IEC 60598-2-9)

Teil 2-10 (VDE 0711-2-10) Ortsveränderliche Leuchten für Kinder (IEC 60598-2-10)

Teil 2-11 (VDE 0711-2-11) Aquarienleuchten (IEC 60598-2-11)

Teil 2-12 (VDE 0711-2-12) Netzsteckdosen-Nachtlichter (IEC 60598-2-12)

Teil 2-13 (VDE 0711-2-13) Bodeneinbauleuchten (IEC 60598-2-13)

Teil 2-18 (VDE 0711-2-18) Leuchten für Schwimmbecken und ähnliche Anwendungen (IEC 60598-2-18)

Teil 2-19 (VDE 0711-2-19) Luftführende Leuchten (Sicherheitsanforderungen)

Teil 2-20 (VDE 0711-2-20) Lichtketten (IEC 60598-2-20)

Teil 2-22 (VDE 0711-2-22) Leuchten für Notbeleuchtung

Teil 2-23 (VDE 0711-2-23) Kleinspannungsbeleuchtungssysteme für Glühlampen (IEC 60598-2-23)

Teil 2-24 (VDE 0711-2-24) Leuchten mit begrenzter Oberflächentemperatur (IEC 60598-2-24)

Teil 2-25 (VDE 0711-2-25) Leuchten zur Verwendung in klinischen Bereichen von Krankenhäusern und Gebäuden zur Gesundheitsfürsorge (IEC 60598-2-25)

DIN EN 60601 Medizinische elektrische Geräte, Sicherheit

DIN EN 60603 Steckverbinder für gedruckte Schaltungen für Frequenzen unter 3 MHz

Teil 1 Fachgrundspezifikation: Allgemeine Anforderungen und Leitfaden für die Erstellung von Bauartspezifikationen mit Qualitätsbewertung (IEC 60603-1)

Teil 2 Bauartspezifikation für qualitätsbewertete indirekte Steckverbinder für gedruckte Schaltungen, Rastermaß 2,54 mm (0,1 in), mit gemeinsamen Einbaumerkmalen (IEC 60603-2)

Teil 3 Indirekte Steckverbinder für gedruckte Schaltungen mit 2,54 mm (0,1 in) Kontaktabstand und versetzten Anschlüssen im gleichen Abstand (IEC 60603-3)

Teil 4 Indirekte Steckverbinder für gedruckte Schaltungen mit 1,91 mm (0,075 in) Kontaktabstand und versetzten Anschlüssen im gleichen Abstand (IEC 60603-4)

Teil 5 Steckverbinder für direktes Stecken und indirekte Steckverbinder für beidseitig-beschichtete Leiterplatten mit 2,54 mm (0,1 in) Kontaktabstand (IEC 60603-5)

Teil 6 Direkte Steckverbinder und Steckverbinder für gedruckte Schaltungen mit 2,54 mm (0,1 in) Kontaktabstand für ein- oder beidseitig beschichtete Leiterplatten mit 1,6 mm (0,063 in) Nenndicke (IEC 60603-6)

Teil 7 Bauartspezifikation für Steckverbinder mit bewerteter Qualität, 8polig, einschließlich fester und freier Steckverbinder mit gemeinsamen Steckmerkmalen (IEC 60603-7)

Teil 7-1 Bauartspezifikation für geschirmte freie und feste Steckverbinder, 8-polig, mit gemeinsamen Steckmerkmalen und bewerteter Qualität (IEC 60603-7-1)

Teil 7-3 Bauartspezifikation für geschirmte freie und feste Steckverbinder, 8polig, für Datenübertragungen bis 100 MHz (IEC 48B/1707/CDV)

Teil 7-4 Bauartspezifikation für ungeschirmte freie und feste Steckverbinder, 8polig, für Datenübertragungen bis 250 MHz (IEC 60603-7-4)

Teil 7-7 Bauartspezifikation für geschirmte freie und feste Steckverbinder, 8-polig, für Datenübertragungen bis 600 MHz (IEC 60603-7-7)

Teil 8 Indirekte Steckverbinder für gedruckte Schaltungen; Rastermaß 2,54 mm (0,1 in); Querschnitt der männlichen Kontakte 0,63 mm × 0,63 mm (IEC 60603-8)

Teil 9 Indirekte Steckverbinder für gedruckte Schaltungen, Rückplatten und Kabelanschluß; Rastermaß 2,54 mm (0,1 in) (IEC 60603-9)

Teil 10 Indirekte Steckverbinder für gedruckte Schaltungen mit Raster 2,54 mm (0,1 in), invertierte Bauform (IEC 60603-10)

Teil 12 Bauartspezifikation für Maße, allgemeine Anforderungen und Prüfungen für eine Reihe von Fassungen zur Aufnahme von integrierten Schaltungen (IEC 60603-12)

Teil 13 Bauartspezifikation für qualitätsbewertete indirekte Steckverbinder für gedruckte Schaltungen mit Raster 2,54 mm (0,1 in), mit freiem Steckverbinder für Schneidklemmenanschluß (ID) (IEC 60603-13)

Teil 14 Bauartspezifikation für Rundsteckverbinder für niederfrequente Audio- und Video-Anwendungen wie bei Audio- , Video- und audiovisuellen Geräten (IEC 60603-14)

DIN EN 60617 Graphische Symbole für Schaltpläne

DIN EN 60662 Natriumdampf-Hochdrucklampen (IEC 60662)

DIN EN 60721 Klassifizierung von Umweltbedingungen

Teil 1 Vorzugswerte für Einflußgrößen

Teil 3 Klassen von Umwelteinflußgrößen und deren Grenzwerte

Teil 3-0 Einführung

Teil 3-1 Langzeitlagerung

Teil 3-2 Transport

Teil 3-3 Ortsfester Einsatz, wettergeschützt

Teil 3-4 Ortsfester Einsatz, nicht wettergeschützt

Teil 3-5 Einsatz an und in Landfahrzeugen

Teil 3-6 Einsatz auf Schiffen

Teil 3-7 Ortsveränderlicher Einsatz

Teil 3-9 Mikroklimate innerhalb von Erzeugnissen

DIN EN 60730 Automatische elektrische Regel-und Steuergeräte für den Hausgebrauch und ähnliche Anwendungen (VDE 0631)

Teil 1 Allgemeine Anforderungen

Teil 2 Besondere Anforderungen (diverse Normen)

DIN EN 60825 Sicherheit von Lasereinrichtungen

Beiblatt 1 Nationaler Wortlaut der Hinweisschilder für Laserstrahlung

Beiblatt 9 Zusammenstellung der maximal zulässigen Bestrahlung durch inkohärente optische Strahlung

Beiblatt 10 Anwendungs-Richtlinien und erläuternde Anmerkungen zu IEC 60825-1

Beiblatt 14: Ein Leitfaden für Benutzer

Teil 1 Klassifizierung von Anlagen und Anforderungen

Teil 2 Sicherheit von Lichtwellenleiter-Kommunikationssystemen (LWLKS)

Teil 2 Beiblatt 1 Sicherheit von Lichtwellenleiter-Kommunikationssystemen (LWLKS), Auslegungsblatt 1

Teil 4 Laserschutzwände

Teil 12 Sicherheit von optischen Freiraumkommunikationssystemen für die Informationsübertragung

DIN EN 60848 GRAFCET Spezifikationssprache für Funktionspläne der Ablaufsteuerung

DIN EN 60870 Fernwirkeinrichtungen und -systeme (IEC 60870)

Teil 1 Allgemeine Betrachtungen, Fachbericht

Teil 2 Betriebsbedingungen

Teil 3 Schnittstellen (Elektrische Merkmale)

Teil 4 Anforderungen an die Leistungsmerkmale

Teil 5 Übertagungsprotokolle

Teil 6 Fernwirkprotokolle

DIN EN 60901 Einseitig gesockelte Leuchtstofflampen - Anforderungen an die Arbeitsweise (IEC 60901)

DIN EN 60921; VDE 0712-11 Vorschaltgeräte für röhrenförmige Leuchtstofflampen - Anforderungen an die Arbeitsweise (IEC 60921)

DIN EN 60923 VDE 0712-13 Geräte für Lampen - Vorschaltgeräte für Entladungslampen (ausgenommen röhrenförmige Leuchtstofflampen) - Anforderungen an die Arbeitsweise (IEC 60923)

DIN EN 60925; VDE 0712-21 Gleichstromversorgte elektronische Vorschaltgeräte für röhrenförmige Leuchtstofflampen - Anforderungen an die Arbeitsweise (IEC 60925)

DIN EN 60927; VDE 0712-15 Geräte für Lampen - Startgeräte (andere als Glimmstarter) - Anforderungen an die Arbeitsweise (IEC 60927)

DIN EN 60929; VDE 0712-23 Wechselstromversorgte elektronische Vorschaltgeräte für röhrenförmige Leuchtstofflampen - Anforderungen an die Arbeitsweise (IEC 60929)

DIN EN 60947 Niederspannungsschaltgeräte

DIN EN 60968; VDE 0715-6:2000-04 Lampen mit eingebautem Vorschaltgerät für Allgemeinbeleuchtung - Sicherheitsanforderungen (IEC 60968)

DIN EN 60969 Lampen mit eingebautem Vorschaltgerät für Allgemeinbeleuchtung - Anforderungen an die Arbeitsweise (IEC 60969)

DIN EN 61000 EMV Elektromagnetische Verträglichkeit

Teil 1 Übersicht über die Reihe IEC 61000-4

Teil 2 Prüfung der Störfestigkeit gegen die Entladung statischer Elektrizität

Teil 3 Prüfung der Störfestigkeit gegen hochfrequente elektromagnetische Felder

Teil 4 Prüfung der Störfestigkeit gegen schnelle transiente elektrische Störgrößen/Bursts

Teil 5 Prüfung der Störfestigkeit gegen Stoßspannungen

Teil 6 Störfestigkeit gegen leitungsgeführte Störgrößen, induziert durch hochfrequente Felder

Teil 7 Allgemeiner Leitfaden für Verfahren und Geräte zur Messung von Oberschwingungen und Zwischenharmonischen in Stromversorgungsnetzen und angeschlossenen Geräten

Teil 8 Prüfung der Störfestigkeit gegen Magnetfelder mit energietechnischen Frequenzen

Teil 9 Prüfung der Störfestigkeit gegen impulsförmige Magnetfelder

Teil 10 Prüfung der Störfestigkeit gegen gedämpfte schwingende Magnetfelder

Teil 11 Prüfung der Störfestigkeit gegen Spannungseinbrüche, Kurzzeitunterbrechungen und Spannungsschwankungen

Teil 12 Prüfung der Störfestigkeit gegen gedämpfte Sinusschwingungen

Teil 13 Prüfung der Störfestigkeit am Wechselstrom-Netzanschluss gegen Oberschwingungen und Zwischenharmonische einschließlich leitungsgeführter Störgrößen aus der Signalübertragung auf elektrischen Niederspannungsnetzen

Teil 14 Prüfung der Störfestigkeit gegen Spannungsschwankungen

Teil 15 Flickermeter - Funktionsbeschreibung uns Auslegungsspezifikation

Teil 16 Prüfung der Störfestigkeit gegen leitungsgeführte, asymmetrische Störgrößen im Frequenzbereich von 0 Hz bis 150 kHz

Teil 17 Prüfung der Störfestigkeit gegen Wechselanteile der Spannung an Gleichstrom-Netzanschlüssen

Teil 18 Prüfung der Störfestigkeit gegen schwingende Wellen

Teil 20 Messung der Störaussendung und Störfestigkeit in transversal-elektromagnetischen Wellenleitern

Teil 21 Verfahren für die Prüfung in der Modenverwirbelungskammer

Teil 23 Prüfverfahren für Geräte zum Schutz gegen HEMP und andere gestrahlte Störgrößen

Teil 24 Prüfverfahren für Einrichtungen zum Schutz gegen leitungsgeführte HEMP-Störgrößen - EMV-Grundnorm

Teil 25 Prüfung der Störfestigkeit von Einrichtungen und Systemen gegen HEMP-Störgrößen

Teil 27 Prüfung der Störfestigkeit gegen Unsymmetrie der Versorgungsspannung

Teil 28 Prüfung der Störfestigkeit gegen Schwankungen der energietechnischen Frequenz

Teil 29 Prüfung der Störfestigkeit gegen Spannungseinbrüche, Kurzzeitunterbechungen und Spanungsschwankungen an Gleichstrom-Netzeingängen

Teil 30 Verfahren zur Messung der Spannungsqualität

Teil 33 Prüfung der Störfestigkeit von Geräten und Einrichtungen mit einem Eingangsstrom >16 A je Leiter gegen Spannungseinbrüche, Kurzzeitunterbrechungen und Spannungsschwankungen

DIN EN 61010 Sicherheitsbestimmungen für elektrische Mess-, Steuer-, Regel- und Laborgeräte (VDE 0411)

Teil 1 Allgemeine Anforderungen

Teil 2-010 Besondere Anforderungen an Laborgeräte für das Erhitzen von Stoffen

Teil 2-020 Besondere Anforderungen an Laborzentrifugen

Teil 2-032 Besondere Anforderungen für handgehaltene und handbediente Stromsonden für elektrische Messungen

Teil 2-040 Besondere Anforderungen an Sterilisatoren und Reinigungs-Desinfektionsgeräte für die Behandlung medizinischen Materials

Teil 2-051 Besondere Anforderungen an Laborgeräte zum Mischen und Rühren

Teil 2-061 Besondere Anforderungen an Labor-Atomspektrometer mit thermischer Atomisierung und Ionisation

Teil 2-081 Besondere Anforderungen an automatische und semiautomatische Laborgeräte für Analysen und andere Zwecke

Teil 2-101 Besondere Anforderungen an In-vitro-Diagnostik-(IVD-)Medizingeräte

Teil 031 Sicherheitsbestimmungen für handgehaltenes Messzubehör zum Messen und Prüfen

DIN EN 61048 (VDE 0560-61) Geräte für Lampen - Kondensatoren für Leuchtstofflampen- und andere Entladungslampenkreise - Allgemeine Anforderungen und Sicherheitsanforderungen (IEC 61048)

DIN EN 61049; VDE 0560-62 Kondensatoren für Entladungslampen-Anlagen, insbesondere Leuchtstofflampen-Anlagen; Leistungsanforderungen (IEC 61049)

DIN EN 61131 Speicherprogrammierbare Steuerungen (SPS)

Teil 1 Allgemeine Informationen (IEC 61131-1)

Teil 2 Betriebsmittelanforderungen und Prüfungen (IEC 61131-2)

Teil 3 Programmiersprachen (IEC 61131-3)

Teil 5 Kommunikation (IEC 61131-5)

Teil 7 Fuzzy-Control-Programmierung (IEC 61131-7)

DIN EN 61140 (VDE 0140-1) Schutz gegen elektrischen Schlag - Gemeinsame Anforderungen für Anlagen und Betriebsmittel (IEC 61140)

DIN EN 61167 Halogen-Metalldampflampen (IEC 61167)

DIN EN 61195; VDE 0715-8 Zweiseitig gesockelte Leuchtstofflampen - Sicherheitsanforderungen (IEC 61195)

DIN EN 61199; VDE 0715-9 Einseitig gesockelte Leuchtstofflampen - Sicherheitsanforderungen (IEC 61199)

DIN EN 61228 UV-Leuchtstofflampen für Bräunungszwecke - Verfahren zur Messung und Beschreibung (IEC 61228)

DIN EN 61305 Hi-Fi-Geräte und -Anlagen für den Heimgebrauch - Verfahren zur Messung und Angabe der Leistungskennwerte

    Teil 1 Allgemeines

    Teil 2 FM-Rundfunk-Empfangsteile

    Teil 3 Verstärker

    Teil 5 Lautsprecher

    Teil 5 Beiblatt 1 Hörprüfungen für Lautsprecher - Einzelprüfverfahren und Paarvergleich

DIN EN 61346 Industrielle Systeme, Anlagen und Ausrüstungen und Industrieprodukte - Strukturierungsprinzipien und Referenzkennzeichnung

    Teil 1 Allgemeine Regeln

    Teil 2 Klassifizierung von Objekten und Kodierung von Klassen

DIN EN 61347 Geräte für Lampen

    Teil 1 (VDE 0712-30) Allgemeine und Sicherheitsanforderungen (IEC 61347-1)

    Teil 2 Besondere Anforderungen

Teil 2-1 (VDE 0712-31) Besondere Anforderungen an Startgeräte (andere als Glimmstarter) (IEC 61347-2-1)

Teil 2-2 (VDE 0712-32) Besondere Anforderungen an gleich- oder wechselstromversorgte elektronische Konverter für Glühlampen (IEC 61347-2)

Teil 2-3 (VDE 0712-33) Besondere Anforderungen an wechselstromversorgte elektronische Vorschaltgeräte für Leuchtstofflampen (IEC 61347-2-3)

Teil 2-4 (VDE 0712-34) Besondere Anforderungen an gleichstromversorgte elektronische Vorschaltgeräte für die Allgemeinbeleuchtung (IEC 61347-2-4)

Teil 2-5 (VDE 0712-35) Besondere Anforderungen an gleichstromversorgte elektronische Vorschaltgeräte für die Beleuchtung öffentlicher Verkehrsmittel (IEC 61347-2-5)

Teil 2-6 (VDE 0712-36) Besondere Anforderungen an gleichstromversorgte elektronische Vorschaltgeräte für die Beleuchtung von Luftfahrzeugen (IEC 61347-2-6)

Teil 2-7 (VDE 0712-37) Besondere Anforderungen an gleichstromversorgte elektronische Vorschaltgeräte für die Notbeleuchtung (IEC 61347-2-7)

Teil 2-8 (VDE 0712-38) Besondere Anforderungen an Vorschaltgeräte für Leuchtstofflampen (IEC 61347-2-8)

Teil 2-9 (VDE 0712-39) Besondere Anforderungen an Vorschaltgeräte für Entladungslampen (ausgenommen Leuchtstofflampen) (IEC 61347-2-9)

Teil 2-10 (VDE 0712-40) Besondere Anforderungen an elektronische Wechselrichter und Konverter für Hochfrequenzbetrieb von röhrenförmigen Kaltstart-Entladungslampen (Neonröhren) (IEC 61347-2-10)

Teil 2-11 (VDE 0712-41) Besondere Anforderungen für elektronische Module für Leuchten (IEC 61347-2-11)

Teil 2-12 (VDE 0712-42) Besondere Anforderungen an gleich- oder wechselstromversorgte elektronische Vorschaltgeräte für Entladungslampen (ausgenommen Leuchtstofflampen) (IEC 61347-2-12)

Teil 2-13 (VDE 0712-43) Besondere Anforderungen an gleich- oder wechselstromversorgte elektronische Betriebsgeräte für LED-Module (IEC 61347-2-13)

DIN EN 61355 Klassifikation und Kennzeichnung von Dokumenten für Anlagen, Systeme und Einrichtungen

DIN EN 61439 Niederspannungs-Schaltgerätekombinationen

Teil 1 Allgemeine Festlegungen

Teil 2 Energie-Schaltgerätekombinationen

Teil 3 Installationsverteiler für die Bedienung durch Laien (IVL)

Teil 5 Schaltgerätekombinationen in öffentlichen Energieverteilungsnetzen

Teil 6 Schienenverteilersysteme (busways)

DIN EN 61499 Funktionsbausteine für industrielle Leitsysteme (IEC 61499)

Teil 1 Architektur

Teil 2 Anforderungen an Software-Werkzeuge

Teil 4 Regeln für normgerechte Profile

DIN EN 61508 Funktionale Sicherheit sicherheitsbezogener elektrischer/elektronischer/programmierbar elektronischer Systeme (VDE 0803)

Teil 0 (VDE 0803 Beiblatt 1) Funktionale Sicherheit und die IEC 61508 (IEC/TR 61508-0)

Teil 1 (VDE 0803-1) Allgemeine Anforderungen (IEC 61508-1)

Teil 2 (VDE 0803-2) Anforderungen an sicherheitsbezogene elektrische/elektronische/programmierbare elektronische Systeme (IEC 61508-2)

Teil 3 (VDE 0803-3) Anforderungen an Software (IEC 61508-3)

Teil 4 (VDE 0803-4) Begriffe und Abkürzungen (IEC 61508-4)

Teil 5 (VDE 0803-5) Beispiele und Methoden für die Bestimmung von Sicherheits-Integritätsleveln (IEC 61508- 5)

Teil 6 (VDE 0803-6) Anwendungsrichtlinie für IEC 61508-2 und IEC 61508-3 (IEC 61508-6)

Teil 7 (VDE 0803-7) Anwendungshinweise über Verfahren und Maßnahmen (IEC 61508-7)

DIN EN 61549; VDE 0715-12 Sonderlampen (IEC 61549)

DIN EN 61672 Elektroakustik - Schallpegelmesser

Teil 1 Anforderungen (IEC 61672-1)

Teil 2 Baumusterprüfungen (IEC 61672)

Teil 3 Periodische Einzelprüfung (IEC 61672-3)

DIN EN 61669 Elektroakustik - Geräte zur Messung der Kenndaten von Hörgeräten am menschlichen Ohr (IEC 61669:2001)

DIN EN 61800 Drehzahlveränderbare elektrische Antriebe

Teil 1 (VDE 0160 Teil 101) Allgemeine Anforderungen- Festlegung für die Bemessung von Niederspannungs-Gleichstrom-Antriebssystemen - (IEC 61800-1)

Teil 2 (VDE 0160 Teil 102) Allgemeine Anforderungen- Festlegung für die Bemessung von Niederspannungs-Gleichstrom-Antriebssystemen mit einstellbarer Frequenz - (IEC 61800-2)

Teil 3 (VDE 0160 Teil 103) EMV-Anforderungen einschließlich spezieller Prüfverfahren (IEC 61800-3)

Teil 4 (VDE 0160 Teil 104) Allgemeine Anforderungen; Festlegungen für die Bemessung von Wechselstrom-Antriebssystemen über 1 000 V AC und höchstens 35 kV (IEC 61800-4)

Teil 5-1 (VDE 0160 Teil 105) Anforderungen an die Sicherheit; Elektrische, thermische und energetische Anforderungen (IEC 61800-5-1)

DIN EN 61850 Kommunikationsnetze und -systeme in Stationen (IEC 61850)

Beiblatt 1 Einführung und Übersicht

Teil 3 Allgemeine Anforderungen

Teil 4 System- und Projektverwaltung

Teil 5 Kommunikationsanforderungen für Funktionen und Gerätemodelle

Teil 6 Sprache für die Beschreibung der Konfiguration für die Kommunikation in Stationen mit intelligenten elektronischen Geräten (IED)

Teil 7 Grundlegende Kommunikationsstruktur für stations- und feldbezogene Ausrüstung

Teil 7-1 Grundsätze und Modelle

Teil 7-2 Abstrakte Schnittstelle für Kommunikationsdienste (ACSI)

Teil 7-3 Gemeinsame Datenklassen

Teil 7-4 Kompatible Logikknoten- und Datenklassen

Teil 7-410 Kommunikationsnetze und -systeme für die Automatisierung in der elektrischen Energieversorgung - Teil 7-410: Wasserkraftwerke - Kommunikation für Überwachung, Regelung und Steuerung (IEC 61850-7-410)

Teil 7-420 Kommunikationssysteme für verteilte Energieversorgung - Logische Knoten

Teil 8-1 Spezifische Abbildung von Kommunikationsdiensten (SCSM) - Abbildungen auf MMS (nach ISO 9506-1 und ISO 9506-2) und ISO/IEC 8802-3

Teil 9-1 Spezifische Abbildung von Kommunikationsdiensten (SCSM) - Abgetastete Werte über serielle Simplex-Mehrfach-Punkt-zu-Punkt-Verbindung

Teil 9-2 Spezifische Abbildung von Kommunikationsdiensten (SCSM) - Abgetastete Werte über ISO/IEC 8802-3

Teil 10 Konformitätsprüfung

DIN EN 61920 Nichtleitungsgebundene Infrarot-Anwendungen (IEC 61920:2004)

DIN EN 61947 Elektrische Projektion - Messung und Dokumentation wichtiger Leistungsmerkmale

Teil 1 Projektoren fester Auflösung

Teil 2 Projektoren variabler Auflösung

DIN EN 61966 Multimediasysteme und -geräte - Farbmessung und Farbmanagement

Teil 2 Farbmanagement

Teil 2-1 Vorgabe-RGB-Farbraum, sRGB (IEC 61966-2-1)

Teil 2-2 Erweiterter RGB-Farbraum, scRGB (IEC 61966-2-2)

Teil 2-4 Erweiterter YCC-Farbraum für Videoanwendungen - xvYCC (IEC 61966-2-4)

Teil 2-5 Optionaler RGB-Farbraum - opRGB (IEC 61966-2-5)

Teil 3 Geräte mit Kathodenstrahlröhren (IEC 61966-3)

Teil 4 Geräte mit Flüssigkristallanzeigen (IEC 61966-4)

Teil 5 Geräte mit Plasma-Anzeigen (IEC 61966-5)

Teil 6 Elektronische Projektoren für Aufprojektion (IEC 61966-6)

Teil 7 Farbdrucker

Teil 7-1 Reflektierende Drucke - RGB-Eingänge (IEC 61966-7-1)

Teil 8 Multimedia-Farbscanner (IEC 61966-8)

Teil 9 Digitale Kameras (IEC 61966-9)

DIN EN 61988 Plasmabildschirme

Teil 1 Terminologie und Buchstabensymbole (IEC 61988-1)

Teil 2 Messverfahren

Teil 2-1 Optisch (IEC 61988-2-1)

Teil 2-2 Opto-Elektrisch (IEC 61988-2-2)

Teil 3-1 Mechanische Schnittstelle (IEC 61988-3-1)

Teil 4 Umwelt-, Lebensdauer- und mechanische Prüfverfahren (IEC 61988-4)

DIN EN 62031 (VDE 0715-5) LED-Module für Allgemeinbeleuchtung - Sicherheitsanforderungen (IEC 62031)

DIN EN 62034 (VDE 0711-400) Automatische Prüfsysteme für batteriebetriebene Sicherheitsbeleuchtung für Rettungswege (IEC 62034)

DIN EN 62035; VDE 0715-10 Entladungslampen (ausgenommen Leuchtstofflampen) - Sicherheitsanforderungen (IEC 62035)

DIN EN 62079 Erstellen von Anleitungen – Gliederung, Inhalt und Darstellung

DIN EN 62106 Spezifikation des Radio-Daten-Systems (RDS)

DIN EN 62264 Integration von Unternehmens-EDV und Leitsystemen

Teil 1 Modelle und Terminologie (Norm-Entwurf DIN IEC 62264-1)

Teil 2 Attribute des Objektmodells (Norm-Entwurf DIN IEC 62264-2)

Teil 3 Aktivitätsmodelle für das operative Produktionsmanagement

DIN EN 62304 Medizingeräte-Software - Software-Lebenszyklus-Prozesse

DIN EN 80000 Größen und Einheiten

Teil 6 Elektromagnetismus

DIN EN 80601 Medizinische elektrische Geräte, Sicherheit

DIN EN 82045 Dokumentenmanagement

Teil 1 Prinzipien und Methoden (IEC 82045-1:2001)

Teil 2 Metadaten und Informationsreferenzmodelle (IEC 82045-2:2004)

DIN EN 88528 Stromerzeugungsaggregate mit Hubkolben-Verbrennungsmotoren

Teil 11 Dynamische, unterbrechungsfreie Stromversorgung - Leistungsanforderungen und Prüfverfahren

DIN EN ab 100000

DIN EN 100012 Grundspezifikation: Röntgendurchleuchtung von
Bauelementen der Elektronik

DIN EN 300366 Private diensteintegrierende Netze (PISN) - Zeichen-
gabe zwischen Telekommunikationsanlagen - Dienstmerkma-
le „Rückruf"

DIN EN 383001 Telekommunikation und Internet zusammenführen-
de Dienste und Protokolle für fortschrittliche Netze (TISPAN)
- Zusammenwirken zwischen Sitzungseinleitungsprotokoll
(SIP) und übermittlungsunabhängigem Verbindungssteue-
rungsprotokoll (BICC) oder ISDN-Anwenderteil (ISUP)

DIN EN ISO 1–9999

DIN EN ISO 1 Referenztemperatur für geometrische Produktspezifikation und -prüfung

DIN EN ISO 128 Technische Zeichnungen, Allgemeine Grundlagen der Darstellung

DIN EN ISO 148 Metallische Werkstoffe - Kerbschlagbiegeversuch nach Charpy

Teil 1: Prüfverfahren

Teil 2: Prüfung der Prüfmaschinen (Pendelschlagwerke)

DIN EN ISO 178 Kunststoffe - Bestimmung der Biegeeigenschaften

DIN EN ISO 179 Kunststoffe - Bestimmung der Charpy-Schlageigenschaften

Teil 1: Nicht instrumentierte Schlagzähigkeitsprüfung

Teil 2: Instrumentierte Schlagzähigkeitsprüfung

DIN EN ISO 228 Rohrgewinde

DIN EN ISO 266 Akustik - Normfrequenzen

DIN EN ISO 527 Kunststoffe - Bestimmung der Zugeigenschaften

Teil 1 Allgemeine Grundsätze

Teil 2: Prüfbedingungen für Form- und Extrusionsmassen

Teil 3: Prüfbedingungen für Folien und Tafeln

Teil 4: Prüfbedingungen für isotrop und anisotrop faserverstärkte Kunststoffverbundwerkstoffe

Teil 5: Prüfbedingungen für unidirektional faserverstärkte Kunststoffverbundwerkstoffe

DIN EN ISO 787 Allgemeine Prüfverfahren für Pigmente und Füllstoffe

Teil 11: Bestimmung des Stampfvolumens und der Stampfdichte (1995)

DIN EN ISO 1043 Kunststoffe - Kennbuchstaben und Kurzzeichen

Teil 1: Basis-Polymere und ihre besonderen Eigenschaften

Teil 2: Füllstoffe und Verstärkungsstoffe

Teil 3: Weichmacher

Teil 4: Flammschutzmittel

DIN EN ISO 1101 Geometrische Produktspezifikation (GPS) - Geometrische Tolerierung - Tolerierung von Form, Richtung, Ort und Lauf

DIN EN ISO 1302 Geometrische Produktspezifikationen, Angabe der Oberflächenbeschaffenheit in der technischen Produktdokumentation

DIN EN ISO 1456 Metallische und andere anorganische Überzüge - Galvanische Überzüge aus Nickel, Nickel plus Chrom, Kupfer plus Nickel und Kupfer plus Nickel plus Chrom

DIN EN ISO 1463 Metall- und Oxidschichten - Schichtdickenmessung - Mikroskopisches Verfahren

DIN EN ISO 1513 Beschichtungsstoffe - Prüfung und Vorbereitung von Proben

DIN EN ISO 1514 Beschichtungsstoffe - Norm-Probenplatten

DIN EN ISO 1518 Beschichtungsstoffe - Bestimmung der Kratzbeständigkeit

Teil 1: Verfahren mit konstanter Last

Teil 2: Verfahren mit kontinuierlich ansteigender Last

DIN EN ISO 1519 Beschichtungsstoffe - Dornbiegeversuch (zylindrischer Dorn)

DIN EN ISO 1520 Beschichtungsstoffe - Tiefungsprüfung

DIN EN ISO 1522 Beschichtungsstoffe - Pendeldämpfungsprüfung

DIN EN ISO 1524 Beschichtungsstoffe und Druckfarben - Bestimmung der Mahlfeinheit (Körnigkeit)

DIN EN ISO 2064 Metallische und andere anorganische Schichten - Definitionen und Festlegungen, die die Messung der Schichtdicke betreffen

DIN EN ISO 2178 Nichtmagnetische Überzüge auf magnetischen Grundmetallen - Messen der Schichtdicke – Magnetverfahren

DIN EN ISO 2360 Nichtleitende Überzüge auf nichtmagnetischen metallischen Grundwerkstoffen - Messen der Schichtdicke – Wirbelstromverfahren

DIN EN ISO 2361 Elektrolytisch erzeugte Nickelschichten auf magnetischen und nichtmagnetischen Grundmetallen - Messen der
Schichtdicke – Magnetverfahren

DIN EN ISO 2409 Beschichtungsstoffe - Gitterschnittprüfung

DIN EN ISO 2808 Beschichtungsstoffe - Bestimmung der Schichtdicke

DIN EN ISO 3098 Technische Produktdokumentation, Schriften

Teil 0 Grundregeln

Teil 2 Lateinisches Alphabet, Ziffern und Zeichen

Teil 3 Griechisches Alphabet

Teil 4 Diakritische und besondere Zeichen im lateinischen Alphabet

Teil 5 CAD-Schrift des lateinischen Alphabetes sowie der Ziffern und Zeichen

Teil 6 Kyrillisches Alphabet

DIN EN ISO 3166 Codes für die Namen von Ländern und deren Untereinheiten

Teil 1 Codes für Ländernamen

DIN EN ISO 3497 Metallische Schichten - Schichtdickenmessung -
Röntgenfluoreszenz-Verfahren

DIN EN ISO 3543 Metallische und nichtmetallische Schichten - Dic-
kenmessung - Betarückstreu-Verfahren

DIN EN ISO 3668 Beschichtungsstoffe - Visueller Vergleich der Farbe von Beschichtungen

DIN EN ISO 3682 Bindemittel für Beschichtungsstoffe - Bestimmung der Säurezahl - Titrimetrisches Verfahren, 6.2002 ersetzt durch DIN EN ISO 2114

DIN EN ISO 3740 Leitlinien zur Anwendung der Grundnormen zur Bestimmung der Schallleistungspegel von Geräuschquellen

DIN EN ISO 3744 Akustik - Bestimmung der Schalleistungspegel von Geräuschquellen aus Schalldruckmessungen - Hüllflächenverfahren der Genauigkeitsklasse 2 für ein im Wesentlichen freies Schallfeld über einer reflektierenden Ebene

DIN EN ISO 3882 Metallische und andere anorganische Überzüge - Übersicht über Verfahren zur Schichtdickenmessung

DIN EN ISO 4014 Sechskantschrauben mit Schaft

DIN EN ISO 4017 Sechskantschrauben mit Gewinde bis Kopf

DIN EN ISO 4063 Lichtbogenhandschweißen

DIN EN ISO 4287 Geometrische Produktspezifikation (GPS) - Oberflächenbeschaffenheit: Tastschnittverfahren - Benennungen, Definitionen und Kenngrößen der Oberflächenbeschaffenheit

DIN EN ISO 4288 Geometrische Produktspezifikation (GPS) - Oberflächenbeschaffenheit: Tastschnittverfahren - Regeln und Verfahren für die Beurteilung der Oberflächenbeschaffenheit

DIN EN ISO 4762 Zylinderschrauben mit Innensechskant

DIN EN ISO 4892 Kunststoffe - Künstliches Bestrahlen oder Bewittern in Geräten

Teil 1: Allgemeine Anleitung

Teil 2: Xenonbogenlampen

Teil 3: UV-Leuchtstofflampen

DIN EN ISO 5436 Geometrische Produktspezifikation (GPS) - Oberflächenbeschaffenheit: Tastschnittverfahren; Normale

Teil 1 Maßverkörperungen

Teil 2 Software-Normale

DIN EN ISO 6270 Beschichtungsstoffe - Bestimmung der Beständigkeit gegen Feuchtigkeit

Teil 1: Kontinuierliche Kondensation

Teil 2: Verfahren zur Beanspruchung von Proben in Kondenswasserklimaten

DIN EN ISO 6385 Grundsätze der Ergonomie für die Gestaltung von Arbeitssystemen (ersetzt seit 2004 DIN 33400 und die nachfolgende DIN V ENV 26385:1990-12)

DIN EN ISO 7092 Flache Scheiben - Kleine Reihe, Produktklasse A

DIN EN ISO 7093 Flache Scheiben - Große Reihe

Teil 1 Produktklasse A

Teil 2 Produktklasse C

DIN EN ISO 8256 Kunststoffe - Bestimmung der Schlagzugzähigkeit

DIN EN ISO 8402 Qualitätsmanagement, Begriffe (deutsch/englisch/französisch) 1.2001 ersetzt durch DIN EN ISO 9000

Beiblatt 1 Qualitätsmanagement, Anmerkungen zu Begriffen. 2.2001 ohne Ersatz zurückgezogen

DIN EN ISO 8676 Sechskantschrauben mit Gewinde bis Kopf und metrischem Feingewinde, Produktklassen A und B

DIN EN ISO 9000 Qualitätsmanagementsysteme, Grundlagen und Begriffe

DIN EN ISO 9001 Qualitätsmanagementsysteme, Forderungen

DIN EN ISO 9004 Qualitätsmanagementsysteme, Leitfaden zur Leistungsverbesserung

DIN EN ISO 9241 Ergonomische Anforderungen für Bürotätigkeiten mit Bildschirmgeräten

Teil 1 Allgemeine Einführung

Teil 2 Anforderungen an die Arbeitsaufgaben - Leitsätze

Teil 3 Anforderungen an visuelle Anzeigen

Teil 4 Anforderungen an Tastaturen

Teil 5 Anforderungen an die Arbeitsplatzgestaltung und Körperhaltung

Teil 6 Anforderungen an die Arbeitsumgebung

Teil 7 Anforderungen an visuelle Anzeigen bezüglich Reflexionen

Teil 8 Anforderungen an Farbdarstellungen

Teil 9 Anforderungen an Eingabegeräte - außer Tastaturen

Teil 11 Anforderungen an die Gebrauchstauglichkeit - Leitsätze

Teil 12 Informationsdarstellung

Teil 13 Benutzerführung

Teil 14 Dialogführung mittels Menüs

Teil 15 Dialogführung mittels Kommandosprachen

Teil 16 Dialogführung mittels direkter Manipulation

Teil 17 Dialogführung mittels Bildschirmformularen

Teil 110 Grundsätze der Dialoggestaltung (ersetzt den bisherigen Teil 10)

Teil 151 Leitlinien zur Gestaltung von Benutzungsschnittstellen für das World Wide Web

Teil 171 Leitlinien für die Zugänglichkeit von Software

Teil 300 Einführung in Anforderungen und Messtechniken für elektronische optische Anzeigen

Teil 302 Terminologie für elektronische optische Anzeigen

Teil 303 Anforderungen an elektronische optische Anzeigen

Teil 304 Prüfverfahren zur Benutzerleistung

Teil 305 Optische Laborprüfverfahren für elektronische optische Anzeigen

Teil 306 Vor-Ort-Bewertungsverfahren für elektronische optische Anzeigen

Teil 307 Analyse und Konformitätsverfahren für elektronische optische Anzeigen

Teil 309 Anzeigen mit organischen, Licht emittierende Dioden

Teil 400 Grundsätze und Anforderungen für physikalische Eingabegeräte

Teil 410 Gestaltungskriterien für physikalische Eingabegeräte

DIN EN ISO 9509 Wasserbeschaffenheit - Toxizitätstest zur Bestimmung der Nitrifikationshemmung in Belebtschlamm

DIN EN ISO 9921 Ergonomie – Beurteilung der Sprachkommunikation

DIN EN ISO 9999 Technische Hilfsmittel für behinderte Menschen

DIN EN ISO 10000–99999

DIN EN ISO 10545 Keramische Fliesen und Platten

Teil 1 Probeannahme und Grundlagen für die Annahme

Teil 2 Bestimmung der Maße und der Oberflächenbeschaffenheit

Teil 3 Bestimmung von Wasseraufnahme, offener Porosität scheinbarer relativer Dichte und Rohdichte

Teil 4 Bestimmung der Biegefestigkeit und der Bruchlast

Teil 5 Bestimmung der Schlagfestigkeit durch Messung des Rückprallkoeffizienten

Teil 6 Bestimmung des Widerstands gegen Tiefenverschleiß für unglasierte Fliesen und Platten

Teil 7 Bestimmung des Widerstands gegen Oberflächenverschleiß für glasierte Fliesen und Platten

Teil 8 Bestimmung der linearen thermischen Dehnung

Teil 9 Bestimmung der Temperaturwechselbeständigkeit

Teil 10 Bestimmung der Feuchtigkeitsdehnung

Teil 11 Bestimmung der Widerstandsfähigkeit gegen Glasurrisse für glasierte Fliesen und Platten

Teil 12 Bestimmung der Frostbeständigkeit

Teil 13 Bestimmung der chemischen Beständigkeit

Teil 14 Bestimmung der Beständigkeit gegen Fleckenbildung

Teil 15 Bestimmung der Abgabe von Blei und Cadmium

Teil 16 Bestimmung kleiner Farbabweichungen

DIN EN ISO 10628 Fließschemata für verfahrenstechnische Anlagen - Allgemeine Regeln

DIN EN ISO 10848 Akustik - Messung der Flankenübertragung von Luftschall und Trittschall zwischen benachbarten Räumen in Prüfständen

Teil 1 Rahmendokument

Teil 2 Anwendung auf leichte Bauteile, wenn die Verbindung geringen Einfluss hat

Teil 3 Anwendung auf leichte Bauteile, wenn die Verbindung wesentlichen Einfluss hat

Teil 4 Alle anderen Fälle

DIN EN ISO 11199 Gehhilfen für beidarmige Handhabung

Teil 1 Gehrahmen

Teil 2 Rollatoren

Teil 3 Gehwagen

DIN EN ISO 11609 Zahnheilkunde - Zahnpasten - Anforderungen, Prüfverfahren und Kennzeichnung

DIN EN ISO 12100 Sicherheit von Maschinen - Grundbegriffe, allgemeine Gestaltungsgrundsätze

Teil 1 Grundsätzliche Terminologie und Methodik

Teil 2 Technische Leitsätze

DIN EN ISO 13406 Ergonomische Anforderungen für Tätigkeiten an optischen Anzeigeeinheiten in Flachbauweise

Teil 1 Einführung

Teil 2 Ergonomische Anforderungen an Flachbildschirme

DIN EN ISO 13407 Benutzer-orientierte Gestaltung interaktiver Systeme

DIN EN ISO 13485 Medizinprodukte - Qualitätsmanagementsysteme - Anforderungen für regulatorische Zwecke

DIN EN ISO 13802 Kunststoffe - Verifizierung von Pendelschlagwerken - Charpy-, Izod- und Schlagzugversuch

DIN EN ISO 13850 Sicherheit von Maschinen - Not-Halt - Gestaltungsleitsätze

DIN EN ISO 14121 Sicherheit von Maschinen - Risikobeurteilung

Teil 1 Leitsätze

DIN EN ISO 14122 Ortsfeste Zugänge zu maschinellen Anlagen

Teil 1 Wahl eines ortsfesten Zugangs zwischen zwei Ebenen

Teil 2 Arbeitsbühnen und Laufstege

Teil 3 Treppen, Treppenleitern und Geländer

Teil 4 Ortsfeste Steigleitern

DIN EN ISO 14583 Flachkopfschrauben mit Innensechsrund

DIN EN ISO 14644 Reinräume und zugehörige Reinraumbereiche

Teil 1 Klassifizierung der Luftreinheit

Teil 2 Festlegungen zur Prüfung und Überwachung zum Nachweis der fortlaufenden Übereinstimmung mit ISO 14644-1

Teil 3 Prüfverfahren

Teil 4 Planung, Ausführung und Erst-Inbetriebnahme

Teil 5 Betrieb

Teil 6 Terminologie

Teil 7 SD-Module (Reinlufthauben, Handschuhboxen, Isolatoren und Minienvironments)

Teil 8 Klassifikation luftgetragener molekularer Kontamination

Teil 9 Klassifizierung der partikulären Oberflächenreinheit (z.Z. Entwurf)

DIN EN ISO 14971 Medizinprodukte - Anwendung des Risikomanagements auf Medizinprodukte

DIN EN ISO 15502 Haushalt-Kühl-/Gefriergeräte - Eigenschaften und Prüfverfahren

DIN EN ISO 15536 Ergonomie - Computer-Manikins und Körperumrissschablonen

Teil 1 Allgemeine Anforderungen

Teil 2 Prüfung der Funktionen und Validierung der Maße von Compuer-Manikin-Systemen

DIN EN ISO 15854 Zahnheilkunde - Guss- und Basisplattenwachse

DIN EN ISO 15883 Reinigungs-Desinfektionsgeräte

Teil 1 Allgemeine Anforderungen, Begriffe und Prüfverfahren

Teil 2 Anforderungen und Prüfverfahren von Reinigungs-Desinfektionsgeräten mit thermischer Desinfektion für chirurgische Instrumente, Anästhesiegeräte, Gefäße, Utensilien, Glasgeräte usw.

Teil 3 Anforderungen und Prüfverfahren von Reinigungs-Desinfektionsgeräten mit thermischer Desinfektion für Behälter für menschliche Ausscheidungen

Teil 4 Anforderungen und Prüfverfahren für Reinigungs-Desinfektionsgeräte mit chemischer Desinfektion für thermolabile Endoskope

Teil 5 Prüfanschmutzungen und -verfahren zum Nachweis der Reinigungswirkung (z.Z. DIN ISO/TS 15883-5)

Teil 6 Anforderungen und Prüfverfahren von Reinigungs-Desinfektionsgeräten mit thermischer Desinfektion für nicht invasive, nicht kritische Medizinprodukte und Zubehor im Gesundheitswesen (z.Z. Entwurf)

DIN EN ISO/IEC 17025 Allgemeine Anforderungen an die Kompetenz von Prüf- und Kalibrierlaboratorien

DIN EN ISO 19011 Leitfaden für Audits von Qualitätsmanagement-
und/oder Umweltmanagementsystemen

DIN EN ISO 20344 Persönliche Schutzausrüstung - Prüfverfahren für
Schuhe

DIN EN ISO 20345 Persönliche Schutzausrüstung - Sicherheitsschuhe

DIN EN ISO 20346 Persönliche Schutzausrüstung - Schutzschuhe

DIN EN ISO 20347 Persönliche Schutzausrüstung - Berufsschuhe

DIN EN ISO 81714 Gestaltung von graphischen Symbolen für die Anwendungen der technischen Produktdokumentation

DIN IEC

DIN IEC 60038 IEC-Normspannungen

DIN IEC 60050 Internationales Elektrotechnisches Wörterbuch

DIN IEC 60912 Nukleare Messgeräte – ECL (Emittergekoppelte Logik)-Signalverbindungen über Frontplatten in Logiksystemen

DIN IEC 62198 Risikomanagement für Projekte - Anwendungsleitfaden

DIN IEC 62481 Digital living network alliance (DLNA) Interoperabilitäts-Richtlinien für Geräte im Heimnetzwerk

DIN ISO und DIN ISO/IEC

DIN ISO 6 Photographie - Systeme von Schwarzweiß-Negativfilmen und ihrer Verarbeitung für Stehbildaufnahmen - Bestimmung der ISO-Empfindlichkeit

DIN ISO 43 Luft- und Raumfahrt - Aufbockpunkte am Luftfahrzeug

DIN ISO 272 Mechanische Verbindungselemente; Schlüsselweiten für Sechskantschrauben und -muttern

DIN ISO 281 Wälzlager; Dynamische Tragzahlen und nominelle Lebensdauer

    Beiblatt 1 Lebensdauerbeiwert a(DIN) und Berechnung der erweiterten modifizierten Lebensdauer

    Beiblatt 2 Erklärungen zu ISO 281/1:1977

    Beiblatt 3 Bestimmung des Verunreinigungsbeiwertes bzw. der Verschmutzungsklasse für Wälzlager in geschlossenen Industriegetrieben (Entwurf)

DIN ISO 286 Grenzmaße und Passungen

    Teil 1 Grundlagen für Toleranzen, Abmaße und Passungen

    Teil 2 Tabellen der Grundtoleranzgrade und Grenzabmaße für Bohrungen und Wellen

DIN ISO 517 Photographie - Öffnungsverhältnisse und verwandte Größen bei Photoobjektiven - Bezeichnungen und Messungen

DIN ISO 1302 Technische Zeichnungen, Angaben der Oberflächenbeschaffenheit, 6.2002 ersetzt durch DIN EN ISO 1302

DIN ISO 1585 Straßenfahrzeuge - Verfahren zur Ermittlung der Netto-
leistung von Motoren

DIN ISO 1629 Kautschuk und Latices, Einteilung, Kurzzeichen

DIN ISO 1940 Mechanische Schwingungen - Anforderungen an die
Auswuchtgüte von Rotoren in konstantem (starrem) Zustand

Teil 1 Festlegung und Nachprüfung der Unwuchttoleranz

Teil 2 Abweichungen beim Auswuchten

DIN ISO 2108 Information und Dokumentation - Internationale Stan-
dard-Buchnummer (ISBN)

DIN ISO 2240 Photographie - Kamera-Farb-Umkehrfilme - Bestimmung der ISO-Empfindlichkeit

DIN ISO 2768 Allgemeintoleranzen

Teil 1 Toleranzen für Längen- und Winkelmaße ohne einzelne
Toleranzeintragung

Teil 2 Toleranzen für Form und Lage ohne einzelne Toleranzeintragung

DIN ISO 2859 Annahmestichprobenprüfung anhand der Anzahl fehlerhafter Einheiten oder Fehler (Attributprüfung),

Teil 1 Nach der annehmbaren Qualitätsgrenzlage (AQL) geordnete Stichprobenpläne für die Prüfung einer Serie von Lo-
sen

Teil 2 Nach der rückzuweisenden Qualitätsgrenzlage (LQ) geordnete Stichprobenanweisungen für die Prüfung einzelner
Lose anhand der Anzahl fehlerhafter Einheiten

Teil 3 Skip-Lot-Verfahren

Teil 4 Verfahren zur Beurteilung deklarierter Qualitätslagen

DIN ISO 2936 Schraubwerkzeuge - Winkelschraubendreher für Schrauben mit Innensechskant

DIN ISO 3166 Codes für die Namen von Ländern und deren Untereinheiten

Teil 2 Code für Namen von Länderuntereinheite

Teil 3 Code für früher gebräuchliche Ländernamen

DIN ISO 3297 Information und Dokumentation, Internationale Standardnummer für fortlaufende Sammelwerke (ISSN)

DIN ISO 3302 Gummi - Toleranzen für Fertigteile

Teil 1 Maßtoleranzen

Teil 2 Form- und Lagetoleranzen

DIN ISO 3310 Analysensiebe - Technische Anforderungen und Prüfungen

Teil 1 Analysensiebe mit Metalldrahtgewebe

Teil 2 Analysensiebe mit Lochblechen

Teil 3 Analysensiebe mit elektrogeformten Siebfolien

DIN ISO 4219 Luftbeschaffenheit - Bestimmung gasförmiger Schwefelverbindungen in atmosphärischer Luft - Probenahmeausrüstung

DIN ISO 5455 Technische Zeichnungen, Maßstäbe

DIN ISO 5800 Fotografie - Farb-Negativfilme für Stehbildfotografie - Bestimmung der ISO-Empfindlichkeit

DIN ISO 6411 Technische Zeichnungen, Vereinfachte Darstellung von Zentrierbohrungen

DIN ISO 7000 Graphische Symbole auf Einrichtungen - Index und Übersicht

DIN ISO 7331 Skistöcke für den alpinen Skilauf - Sicherheitstechnische Anforderungen und Prüfungen

DIN ISO 8601 Datenelemente und Austauschformate - Informationsaustausch - Darstellung von Datum und Uhrzeit

DIN ISO 9175 Zeichenrohre für handgeführte Tuschezeichengeräte

Teil 1 Begriffe, Maße, Bezeichnung und Kennzeichnung

Teil 2 Ausführung, Anforderungen und Prüfung, 7.2006 ohne Ersatz zurückgezogen

DIN ISO 9276 Darstellung der Ergebnisse von Partikelgrößenanalysen

Teil 1: Grafische Darstellung

Teil 2: Berechnung von mittleren Partikelgrößen/-durchmessern und Momenten aus Partikelgrößenverteilungen

Teil 4: Charakterisierung eines Trennprozesses

Teil 6: Die Beschreibung und Quantifizierung von Partikelform und Morphologie

DIN ISO 10002 Qualitätsmanagement – Kundenzufriedenheit – Leitfaden für die Behandlung von Reklamationen in Organisationen

DIN ISO 10005 Leitfaden für Qualitätsmanagementpläne

DIN ISO 10007 Leitfaden für Konfigurationsmanagement

DIN ISO 10110 Erstellung von Zeichnungen für optische Elemente und Systeme

Beiblatt 1 Gegenüberstellung DIN ISO 10110 - DIN 3140; Stichwortverzeichnis

Teil 1 Allgemeines

Teil 2 Materialfehler - Spannungsdoppelbrechung

Teil 3 Materialfehler - Blasen und Einschlüsse

Teil 4 Materialfehler - Inhomogenitäten und Schlieren

Teil 5 Paßfehler

Teil 5 Beiblatt 1 Passfehler; Passfehlerprüfung mit Probegläsern

Teil 6 Zentriertoleranzen

Teil 7 Oberflächenfehler

Teil 8 Oberflächengüte

Teil 9 Oberflächenbehandlungen und Beschichtungen

Teil 10 Darstellung in Tabellenform

Teil 11 Allgemeintoleranzen für Werte ohne Toleranzangabe

Teil 12 Asphärische Oberflächen

Teil 14 Toleranzen für Wellenfrontdeformationen

Teil 17 Zerstörschwelle für Laserstrahlung

DIN ISO/IEC 10561 Informationstechnik - Büro- und Datentechnik - Drucker der Klasse 1 und Klasse 2; Verfahren zur Ermittlung der Druckerleistung

DIN ISO 10602 Photographie - Verarbeitete Schwarzweißfilme vom Silber-Gelatine-Typ - Festlegungen für die Haltbarkeit

DIN ISO 10957 Information und Dokumentation - Internationale Standardnummer für Musikalien (ISMN)

DIN ISO 11798 Information und Dokumentation - Alterungsbeständigkeit von Schriften, Drucken und Kopien auf Papier - Anforderungen und Prüfverfahren

DIN ISO 13321 Partikelgrößenanalyse - Photonenkorrelationsspektroskopie

DIN ISO 14887 Probenvorbereitung - Verfahren zur Dispergierung von Pulvern in Flüssigkeiten

DIN ISO 15489 Information und Dokumentation - Schriftgutverwaltung

Teil 1 Allgemeines

DIN ISO 16016 Schutzvermerke zur Beschränkung der Nutzung von Dokumenten und Produkten

DIN ISO 23601 Sicherheitskennzeichnung - Fluchtwegpläne

DIN ISO 29990 Lerndienstleistungen für die Aus- und Weiterbildung - Grundlegende Anforderungen an Dienstleister

DIN ISO 80601 Medizinische elektrische Geräte

DIN ISO/IEC 2022 Informationstechnik - Zeichencodestruktur und Erweiterungstechniken

DIN ISO/IEC 27001 Informationstechnik - IT-Sicherheitsverfahren - Informationssicherheits-Managementsysteme - Anforderungen

DIN ISO/IEC 27002 Informationstechnik - IT-Sicherheitsverfahren - Leitfaden für das Informationssicherheits-Management

DIN ISO/IEC 28360 Informationstechnik - Bürogeräte - Ermittlung der chemischen Emissionsraten von elektronischen Geräten

LN-Normen (Luftfahrt)

LN 7-1 Zylinderstifte

LN 9092 Profilrohre; Maße, Statische Werte

LN 9118-2 Nietlöcher; Senkungen und Durchzugswarzung

LN 71412 Kegel-Schmiernippel mit metrischem Gewinde, aktuelle Ausgabe 9.1970

VG-Normen (für „Verteidigungs-Geräte", vom deutschen Bundesamt für Wehrtechnik und Beschaffung, Koblenz, herausgegeben)

VG 58260 Medizinische Instrumente - Unterbindungsnadeln nach Deschamps, aktuelle Ausgabe 6.1994

VG 72632 Tarnscheinwerfer

Teil 1 spritzwassergeschützt, aktuelle Ausgabe 12.1991

VG 81208 Manövrieren von Schiffen

Teil 20 Rundlaufversuch

Teil 21 Schrägschleppversuch, aktuelle Ausgabe 8.1991

Teil 22 Windkanalversuch

VG 81244 Bootsbauhölzer

Teil 1 Mittlere Festigkeits- und Elastizitätswerte für Vollholz, aktuelle Ausgabe 8.1991

Teil 2 Zulässige Spannungen, Sicherheitsfaktoren

Teil 3 Anwendung und Verarbeitung

Teil 4 Vorbehandlung, Gütebedingungen, Qualitätssicherung

VG 81259 Kathodischer Korrosionsschutz von Schiffen; Außenschutz durch Fremdstrom

Teil 1 Begriffe, Berechnungsgrundlagen, Anordnung, Anforderungen an die Beschichtung, aktuelle Ausgabe 1.1994

Teil 2 Elektrische Anlagen, Überwachung, aktuelle Ausgabe 1.1994

Teil 3 Anoden, Schutzschild, Elektroden, Meßtechnik, aktuelle Ausgabe 1.1994

VG 84519 Augplatten für Slipstopper; Konstruktionsgrundlagen, aktuelle Ausgabe 1.2009

VG 85057 Stopfbuchsen, aktuelle Ausgabe 2.1990

VG 85092 Polstergarnituren für Sofakojen und Sofas, aktuelle Ausgabe 9.2009

VG 85305 Versorgung in See; Schlauch-Doppelschellen, aktuelle Ausgabe 6.1994

VG 85494 Versorgung in See; Konterpunkte, aktuelle Ausgabe 7.1992

VG 85528 Kabelpläne für Uboote - Kennzeichen für den Anschluss von Kabelschirmen, aktuelle Ausgabe 12.2007

VG 95034 Technische Dokumente - Verweis auf Benutzungsrechte, aktuelle Ausgabe 2.2007

VG 95821 Anwendung von Normen und anderen Technischen Regeln - Verbindlichkeit, Rangfolge, aktuelle Ausgabe 06.2009

VG 96936 Schutzschläuche, Schutzrohre, Schutzkanäle

Teil 10 Metallische Geflechtschläuche und Geflechtleiter, Bauartnorm, aktuelle Ausgabe 10.2007

Teil 10 Beiblatt 1 Metallische Geflechtschläuche; Querverweisliste zur Typenreduzierung, aktuelle Ausgabe 12.1996

Teil 11 Schutzschläuche, geschirmt; Bauartnorm, aktuelle Ausgabe 9.1996

Teil 11 Beiblatt 1 Schutzschläuche, geschirmt; Querverweisliste zur Typenreduzierung, aktuelle Ausgabe 9.1996

VG 96953 Erdungsmaterial

Teil 9: Erdungsschrauben, Bauartnorm, aktuelle Ausgabe 5.2010

Quellen:

Kapitel 1 - Deutsches Institut für Normung

http://de.wikipedia.org/wiki/Deutsches_Institut_für_Normung

Kapitel 2 – Liste der DIN-Normen

http://de.wikipedia.org/wiki/Liste_der_DIN-Normen